# 谁的青春不迷茫

YESTERDAY ONCE MORE

刘 同

著

湖南文艺出版社　博集天卷

·长沙·

© 中南博集天卷文化传媒有限公司。本书版权受法律保护。未经权利人许可，任何人不得以任何方式使用本书包括正文、插图、封面、版式等任何部分内容，违者将受到法律制裁。

图书在版编目（CIP）数据

谁的青春不迷茫 / 刘同著 . -- 长沙：湖南文艺出版社，2025.8. -- ISBN 978-7-5726-2541-1

Ⅰ．B821-49

中国国家版本馆 CIP 数据核字第 2025204NM7 号

上架建议：畅销·文学

SHUIDE QINGCHUN BU MIMANG
谁的青春不迷茫

| | |
|---|---|
| **著　　者**： | 刘　同 |
| **出 版 人**： | 陈新文 |
| **责任编辑**： | 欧阳臻莹 |
| **监　　制**： | 张微微 |
| **特约监制**： | 北　宜　郑苏欣 |
| **策划编辑**： | 王云婷 |
| **特约编辑**： | 张　雪 |
| **营销支持**： | 罗　洋　王　睿　张翠超 |
| **装帧设计**： | 梁秋晨 |
| **封面摄影**： | Kakouu |
| **出　　版**： | 湖南文艺出版社 |
| | （长沙市雨花区东二环一段 508 号　邮编：410014） |
| **网　　址**： | www.hnwy.net |
| **印　　刷**： | 北京中科印刷有限公司 |
| **经　　销**： | 新华书店 |
| **开　　本**： | 815 mm×1120 mm　1/32 |
| **字　　数**： | 257 千字 |
| **印　　张**： | 13.75 |
| **版　　次**： | 2025 年 8 月第 1 版 |
| **印　　次**： | 2025 年 8 月第 1 次印刷 |
| **书　　号**： | ISBN 978-7-5726-2541-1 |
| **定　　价**： | 59.80 元 |

若有质量问题，请致电质量监督电话：010-59096394
团购电话：010-59320018

# 《谁的青春不迷茫》 新版序

2025/4/10

我毕业于湖南师范大学中文系。

我并不是因为擅长写作所以读了这个专业，而是我觉得任何中国人读这个专业都应该比较好毕业。

虽然我是抱着这样的目的选择了中文系，但进入大一没多久的我很快问了自己一个问题：大学四年，我和周围同学们学的专业都是一样的，毕业那天，我们的简历90%的内容也相差无几，招聘单位如何才能区分我和其他人？

"那就从现在开始每天练习写作吧。"我对自己说。

做了这个决定后，我便开始了每天的写作计划。

因为知道自己是一张白纸，所以我对自己的要求极低——坚持每天写日记即可。

这些年来,我遇见了很多想把写作当成职业的读者,他们往往很难坚持下去。他们遇到的最大的障碍便是他人的评判让写作这件事情举步维艰。

我完全没有这样的顾虑。

我从一开始就很明确,我写日记是给自己看的,我没有向别人证明自己的欲望。

我很快发现了记日记的好处。

一是当我找不到合适的朋友开口聊心事的时候,我把它们写下来,很快就能在文字的流动中得出一个结论。18岁的我,每天写日记,每天得出一个自己认为"嗯,我不应该那么做,而应该这么做"的结论。

二是当我每天坐在宿舍写日记时,我发现我比其他人都自律。这种自律会让我有一种莫名的快乐。那时周围人提到我最显著的特点,有两个:一个是"每天熄灯后点蜡烛在宿舍写东西"的人,一个是"每天耳朵里戴着耳机听音乐"的人。我用自己的爱好成功地将自己和其他人区分开来。

日记写多了,也会偷偷买来报纸和杂志,按照上面的地址投稿。

用稿回函一个都没有,退稿信倒是收到一大堆。

但没人知道那是退稿信,室友们反而觉得:"刘同真是一个有社会关系网的人啊,怎么隔三岔五都能收到不同报社、杂志社的信呢？"

对我来说，发表文章根本就是中彩票，但敢投稿，收到退稿信，却能直接证明那个地址是对的，我打通了一条路径。起码我比我周围的人知道，一个人想要发表文章的流程是什么。

日记每天写，文章也不间断。

从大一写到大二下学期，前后历时快两年，我终于在省报发表了自己的第一篇文章。

大四毕业的时候，我的简历里有两页纸记录了我在各个纸媒发表的文章，一共一百一十七篇，是中文系发表文章最多的人。

因为知道靠写文章养活自己不现实，所以我选择了传媒行业。

而写作，就成了我的习惯。

大学毕业那一年，我出版了自己第一本作品，没啥动静。

后来选择了北漂，每隔两年就出版自己的作品，没啥动静。

但没关系，反正我还能写，还在写，还能从每天的写作中得到快乐与反思，对我来说这就是最有意义和价值的东西。

如果那时有人告诉我：刘同，有一天你能通过写作被人熟知。我是肯定不会信的。

我只会反问一句：凭什么？老天又不瞎。

就这样,我写啊写啊,从 1999 年写到了 2012 年,从 18 岁写到了 31 岁。

那一年,出版社的编辑很意外地在我的博客上看到了我的日记,问我写了多久了,大概有多少字。

我说:写了十几年了,两百多万字吧。

她说:我们试试出本书好不好?

我担心没人看。

她说:有没有人看不是我在意的,我在意的是——你每一篇日记都那么地坦诚,完全做到了旁若无人,所以我在看的时候一直被这样的感受所打动。关键是,你坚持了那么多年,你回头看看这些日记,都是你成长的轨迹。

于是编辑选出了她喜欢的日记,让我在每一篇日记之后加上自己 31 岁的看法。

很多文章我真的很想一键删除,很像在看自己的 QQ 空间。

我觉得太羞耻了。

但一键删除,青春就没了。

删除不代表我不是那样的人,只代表此刻的我并不强大,不想承认真实的自己罢了。

很幸运的是,我没有删除,我将这些文章保留了下来,并且一一做了跨越时间的对话。

我再也写不出那样的文字了,那种掉进深井后的自嘲,那种身处暗处的自我鼓励,又矫情又敏感,又脆弱又不要脸。我总是有能缓解自己情绪的方式，看着看着，我很感谢那时的自己，如果没有他，我怎能孤身走过那么长、那么迷茫的人生。

这本书取名叫《谁的青春不迷茫》，我因为这本书一下就被读者们看见了。

这本书这些年重印了不下一百次，而这一次的改版对我而言意义重大。

因为我已经44岁了。

31岁的我对20岁的我说的那些话，是对的吗？真的实现了吗？我的想法改变了吗？

于是我在每一篇文章后又增加了二十年后自己的对话。

三个我，代表了我的每个十年的改变。

很多年轻的读者说：《谁的青春不迷茫》让他们看到了一个极其真实的青春，原来每个人都是这样过来的，我那些奇怪又无聊的想法在不经意间让他们意识到自己并不孤单。

青春，有时需要的不是引导，而是理解。

我希望这本书不仅能成为某段青春期的陪伴，也希望在岁月中渐渐成长的你能从中看出自己的变化。

这本《谁的青春不迷茫》不是一位作者写出来的书，而是三个刘同花了二十年写出来的书。

如果让我对大一的我说些什么，我想我会走进宿舍，拍拍正

在奋笔疾书的他的肩,告诉他两句话:

**十年踪迹十年心。**
**始信文章有命存。**

虽然那时的他肯定不能理解我在说什么,但此刻的我能理解就够了。

刘同 于海南东南隅小镇

# 写给20岁的自己

序

手边放了一张你的照片。大二的你，20岁，一件驼色的毛衣，一条牛仔裤，一双帆布鞋，没有发型，笑得很不知所以。我还记得那一天早晨，你为穿什么样的衣服而头疼，最后因为没有时间了，于是胡乱穿了一套，在十年后的我看来，却也蛮清爽的。

现在看来，那时你处心积虑做的一些搭配，常常以失败告终，而随意搭上的服装反而显得像你。当然，那时的你是不会明白的，如果没有当时你一次又一次的失败，今天的我或许还在老路上一条路走到底吧。

我记得20岁的你焦躁不堪，宿舍的兄弟们都在聊天，准备通宵玩电脑游戏时，你表面上欢呼雀跃，心里一直在问自己一个问题：当初我是好不容易考入大学的，四年之后，我该怎么走出大学？岳麓山下，橘子洲头，情人滩上，你也混迹于人群之中，看着每一张相似的脸庞，你心里最大的担心是：难道他们都已经知道未来去哪儿了吗？为什么只有自己那么傻？

傻到没钱买电脑，只能用稿纸一遍又一遍地写日记。因为不知道该写什么，所以哪怕写错了一个字，也要重来一遍，字一点儿都没有提高，稿纸却费了不少。看着一沓又一沓的稿纸和从未发表过的文章，心里居然没有一丝疑惑，只会告诉自己："哇，昨天晚上又写了六页呢！"

"如果有一天，你真的成了大文豪，这些稿纸可就真的值钱了。"——这几乎是每天你最快乐的时候。

那时很多杂志社很尊重作者，所以你也就常常会收到退稿信，上面写着诸多类似却又不尽相同的话。无非是：谢谢你的支持和参与，只是你的选题和文笔不太适合我们杂志，期待你继续关注。你把这些退稿信一一留着，很大一部分原因是那些来信上都印了各个杂志社的名字，你偶尔打开看时，总幻想这是发稿通知。你也偶尔会在别人面前拿出这些信来，让他们误以为你和很多编辑相处得融洽——嘿，那时的你生活得无所畏惧又谨小慎微，任何一点点小的改变都会让你觉得自豪，比如"那个编辑居然自己回信拒绝我了，我拿到对方的联系方式和名字了呢"。

写到这里时，我其实很想对你说：虽然你在外人看来挺二的，但也谢谢你那种不要脸的应对方式，让我一直走到了今天，从未害怕过。

终于，你的第一篇文章发表了，稿费是30元。你没有把稿费取出来，而是将稿费单好好地折叠起来，放在钱包里，供人随时瞻仰，然后假装很不经意地说："嗯，这笔稿费还来不及取出呢。"直到稿费单过期，你才把它好好地收藏起来，你从未有过兑现它的念头。

为了这30元的稿费，你前后花了200多元请客吃饭庆祝。有些人对事情的投入是为了生活，你那时的投入是为了证明你可以。

在医院长大的你，背着你爸报考了师范大学中文系，以至于你和你爸将近两年没有说话，近乎绝交。直到你发表的第一篇写父亲的文章《微妙》刊登在省刊上，被你爸看到。他开着车第一次主动去学校找你，请你吃饭。你在去见他的路上，带着一百七十多页的小说稿纸，小说取名《杀戮》，故事写的是什么我现在忘记了，因为它没有发表过，甚至你当初写它的时候就没有想着要发表。我记得你对你爸说的第一句话是："爸，你看，我现在能写这么多。"

你爸一直担心的就是你大四毕业之后找不到工作，担心你没有任何可以拿出来炫耀的资本，担心你连自己是谁都不知道。你那时居然没有拿着发表的文章对你爸说："爸，你看我的文章能发表，我水平够高了。"

你甚至提都没提那篇发表的文章，你拿着稿纸说："你看，我多能写。我写了两个多月，每天都在写，一点儿都不累，也不是老师布置的作业。"说着说着，你眼睛就红了，你知道自己一直让他们担心，你在没有能力时，只能证明自己不怕苦，而他们也终于第一次相信你真的不那么怕苦。

你学会了说"我很好"。

"我很好"不是指你终于熬到有了钱,有了朋友,有了人照顾的日子;而是你终于可以习惯没有钱,没有朋友,没有人照顾的日子。"我很好"是告诉他们,你越来越能接受现实,而不是越来越现实。我没你们想的那么脆弱,离开你们,我一样能过得很好。

你听说参加比赛拿奖可以加素质分,于是从大一开始就参加各种比赛。很多比赛只有几个人参加,所以只要认真参与,主办方一般都会给你三等奖,而一个院级比赛的三等奖能够加两分素质分。所以作文大赛、歌唱比赛、辩论赛、演讲赛、戏剧大赛、运动会,甚至书法篆刻大赛,你都参加了。

你花了10元钱在路边摊找人刻了一个名字,然后印在纸上,交给了组委会,获得了三等奖——这个故事成为你嘚瑟许久的故事,你丝毫没有为自己的投机倒把感到羞愧。现在的我多少会觉得"当时怎么能这样",可20岁的你满脑子都是"如何与别人不一样"。"不一样"是个特别特别大的命题,于是你会节约一天的伙食费去刻一个章,你也会拿着精心写的作文去参加比赛。组委会的师哥告诉你:"你的文章很好,应该是第一名,但是另外一个师哥要找工作,所以这个第一名要让给他,你还有很多机会的。"他还没有说完,你便迅猛地点头,你心里想:得奖本来就赚了,还获得了学长的当面肯定……

那时有人说你是个极其大方的人,其实你知道自己是个极其计较的人。

唯一不同的是,很多计较的人常常会在事情发生时计较,而你在事情发生前就做好了最坏的打算,所以当结果不如你想的那么坏时,你都能欣然接受。有人说你没心没肺,说你二百五,你甚至有很长一段时间都认为自己真的挺傻,现在的我告诉你:其实你一点儿都不傻,只是你从来没有把自己看得那么重要。

"你曾因此失去了一些东西,但你却得到了更多。"——大四毕业正式进入湖南电视台工作时,你租了一辆车搬家。你当初只提着一个行李箱到长沙,四年的时间,它变成了一车的东西。四年时间,你得到的远比你失去的要多。

你曾遇到过一些你爱的人,因为你没有钱而离开你。后来,你学会了快速甄别发展对象的品性。

你曾因为领导不信任你,而一个人步行两小时,边走边落泪。后来,你学会了如何让领导相信你,并支持你的工作。

你曾因为同事排挤你,而一个人专注于工作。后来,你也明白了沟通在职场中的重要性。

你曾被老同事欺负,后来学会了如何尽量尊重新人。

你长时间加班到清晨,后来学会了如何调整团队的工作流程。

当然,你也并不是一直都凄凄切切地生活在冷宫之中,其间,你也犯过很多错误,失去了一些本该一直继续下去的朋友,失去了一些本该关系更好一点儿的朋友。

但成长不就是这样吗?不是学到就是得到。

你成长中遇到的所有问题,都是为你量身定做的。解决了,你就成为你这类人当中的幸存者;不解决,你永远也不知道自己可能成为谁。

在 20 岁到 30 岁这十年中，我们都走过一样的路。你觉得孤独就对了，那是让你认识自己的机会；你觉得不被理解就对了，那是让你认清朋友的机会；你觉得黑暗就对了，那样你才分辨得出什么是你的光芒；你觉得无助就对了，那样你才能明白谁是你成长中能扶你一把的人；你觉得迷茫就对了，谁的青春不迷茫。

这书中的十几万字，是从两百多万字、三千多个日子的记录中摘选出来的，现在看来，会忍不住嘲笑自己当时的想法或幼稚的文笔，却又为当年的执着和专注而感动。会想起某一个已经遗忘的朋友，一段忍俊不禁的往事，也会想起那些年的自己，赤手空拳与世界搏斗，只为了有一方落脚之地得以歇息。每年每年不同，却每年每年相似……

所有 20 岁的你们，所有 30 岁的我们，成长不易，青春不难。如今我们在纸上相见，便是一种欣喜的遇见。

有人会因为我们的缺点而讨厌我们，但也会有人因为我们的真实而喜欢我们。我们不必让那些本不喜欢我们的人喜欢上自己，而是要坚持让那些本该喜欢我们的人尽快发现自己。

不如我们定下一个誓约，看看十年之后，彼此又在哪里，听着谁的歌，看着谁的字，身边的人又是谁。

我希望你们能够把自己的青春放进来，也希望这本十年的成长记录能够陪我们到下一个十年。

## 写在后面　　　　　　　　　　2025/4/10

　　我有一个习惯，就是很少重新看自己写过的东西。写完就写完了，除非修改，否则不想再看第二次。我不想一遍一遍沉溺于当时的情绪里。

　　当我重新看31岁的我写的序时，觉得那时自己的感情真是饱满，字里行间能感觉到"意气风发"四个字的存在。

　　我甚至有些感慨，原来我写的东西比我以为的，要流畅那么多。

　　我喜欢那句"当然，那时的你是不会明白的，如果没有当时你一次又一次的失败，今天的我或许还在老路上一条路走到底吧"。

　　所以很不合时宜地对31岁的自己说：可能咱们的人生只有短阶段的顺利，因为35岁之后，我们的人生便一点一点陷入了泥塘，举步维艰。你做记者的时候常和人吹嘘自己在哪儿都能睡着，一觉能睡到天亮，但我们40岁的时候，整夜失眠，眼看着天就亮了。

　　但好在，虽然我们一次又一次失败，但在最后关头，我们总会把自己放在最重要的位置，给自己多一点儿耐心和信心，让自己回到最初的轨道上。为此，我在他处写了很长的文字，此处不再复述。

　　你说"不如我们定下一个誓约，看看十年之后，彼此又在哪里，听着谁的歌，看着谁的字，身边的人又是谁"。

　　我此刻来回答你的问题：现在的我44岁，不再像30出头的你那样每天满满的斗志，我现在不在北京，而在海南东南靠海的小镇上，我发现自己在这里避免了交际，能安安静静去写自己喜欢的东西。你依然在光线传媒工作，而公司也很支持你潜下心去做自己最想做的事情。

我前两天在网上淘到了一个旧的CD机，和大学时用的那款一模一样。同时又买了陈绮贞和江美琪的CD碟片。当日子变得越来越便捷，一切都唾手可得时，我反而更喜欢沉浸在过往的习惯里，觉得即使身处时代往前的洪流，老习惯也不会让我们轻易被卷走。

我在44岁很好，感谢你所做的一切。

Contents **目录**

一切都会好的。

青春是什么 —2
因为年轻，所以没有选择 —7
把人生也投递了出去 —17
趁一切还来得及 —21
一个靠理想生活的人 —25

## 24岁

我们还年轻，年轻就可以失败。

　　永远的青春，永远的朋友 —30
　　"我没事"的幸福 —37
　　闲情是最奢侈的 —43
　　一生只被嘉年华骗一次 —47
　　喜欢就立刻做 —51
　　命和认命 —54

## 25岁

今天永远对明天充满幻想，才有坚定的信念活到后天。

　　能让人记住的就是个性 —60
　　25岁的自问自答 —66
　　能鼓励你的人只有自己 —74
　　不发言谁也不知道谁丢脸 —78
　　走远了，一心想回去 —82
　　不再委屈自己 —87

## 26岁

无数个你组成了今天的我。

　　遇见另外一个自己 —92
　　这一生，下一世 —96
　　纵使记忆抹不去 —102
　　即使不能扬名立万 —107
　　没有那么多因为所以 —110
　　人生的一碗面 —115

"活在自己的年龄里"是一件重要的事。　　27岁

  有钱没钱回家过年 — 122
  他终于想起了他的初恋 — 126
  关于人生很多疑惑的词 — 131
  活在自己的年龄里 — 138
  爱情存在的五种形式 — 142

每个人为了活下去都必须找到点燃自己心头之火的力量。　　28岁

  思考和分享是一种逐渐消失的美德 — 152
  季节 — 157
  火柴的奇妙力量 — 161
  曾经的我，现在的你 — 166

活着，不在于斗争，
而在于在无数的斗争中找出与你一样努力发光的人。　　29岁

  能成为密友大概总带着爱 — 172
  矫情是世界上最美好的东西 — 177
  无论你走了多远 — 183
  贱狗人生 — 189

跟你借的回忆 —194

你的青春在哪里 —200

"大家加油！" —208

活在自己的世界里 —212

我爸爸 —217

你别走到一半，就不走了 —222

把每一秒当成一辈子来过 —227

仇人让我活得更带劲 —231

过程是风景，结果是明信片 —235

了解自己才会有好人缘 —240

在生活的每一个瞬间，我们都是我们想要成为的人，而不是曾经成为过的人。

就当人生又多走了几步 —246

让别人为冲动买单 —250

时间面前，一切都无能为力 —254

在该绽放的时候尽情怒放 —261

爱的最高境界是等待 —266

好在我们还能继续走 —271

路的尽头究竟还能走向哪里 —276

世道虽窄，但世界宽阔 —280

原来我也曾经走过那么远 —285
那件青葱且疯狂的小事叫爱情 —289
你简单，世界就很简单 —294
所有的借口都是骗自己的理由 —299
狂热是什么 —303

不用太在乎被人看低。　31岁

用力拍拍才有光 —308
总是有种寂寞感 —311
有信仰的人，总是积极的 —315
20岁的我多少能猜想到30岁的自己 —318
生活怎么有那么多奔头 —322
给这十年的你，旁观下一个十年的我 —325

我们当下的每一步都是未来想回来的那一步。　32岁

给你一台时光机 —330
致那些十万个为什么的年轻人 —334
爱需尽兴和激情 —338

**33 岁**　　你从被排挤的孤独,走向自成一派的孤独。

　　有些苦,不值得抱怨 —344
　　每个人的孤独都是他的钻石 —348
　　这不是告别 —352
　　认真的 33 岁 —358

**34 岁**　　其实一个人也能做很多事。

　　写给我的 34 岁 —366

**35 岁**　　取悦自己是一种极其重要的能力,没有之一。

　　35 岁教会了我什么? —372
　　有原则的人,才不怕拒绝别人 —378
　　我是个很在意排名的人,也没什么丢人 —382
　　这些年,以为自己只是懒,其实只是因为怕 —387

敢当众说出自己的原则,是通往更纯粹的自我的一条路。　　36岁

过了今天12点,我就36岁了 —396

所谓安全感,就是任何事情自己都能给自己一个答案,　　37岁
无论好坏。

想对17岁的自己说 —402

今天,我37岁了 —407

这件事情,你可以为自己,就不要为别人 —410

成年人的世界里再无完美之辞,只有满意当下。　　现在

○ 这是我真实的、尴尬的、千疮百孔的成长史。
谢谢你捧起这本书,和我一同经历我的青春。
也许我们成长的环境不尽相同,但成长的心境大致相似。
希望通过文字,我们能够相遇,成为彼此青春的见证者。

23岁

那时的我认为

一切都会好的。

因为年轻,所以没有选择,只能试试。

要把快乐放在外面,把失落放在心里。

我无疑是一个靠理想生活的人,同时又不是一个有安全感的人,每天生活在危机周围,诚惶诚恐。

生命太渺小,幸福却太触手可得,但是没有谁能够好好地珍惜。

# 青春是什么

2004/1/19

青春是什么？有朋友问我。

是不是随着年龄的增长而蜕下的壳，半埋在斑驳树荫下？

如果是随手可得的东西，怎么又能够为自己的青春写下斑斓的一笔？

有朋友说，心情不好的时候看《五十米深蓝》，会觉得心里踏实，借一点儿一点儿想法回到过去的生活，或者是借一点儿文字、一点儿想法，感受一种生活，其实没有错。

诚如"李寻欢"老师对我的嘲笑：为什么写到最后就没有答案了？我明白他的意思，他是让我自己想清楚，而不是向我要个答案。

因为青春在每个人的心里有太多概念，我们的理解都是不一样的，或者是宿舍的拥挤，或者是老师朝你扔的粉笔，或者是六楼后座的好朋友，或者是在同学面前展示自己最拙劣的一面，都是难得的回忆。

或许回忆就是青春？如果回忆可以代替青春，那么欢笑是什么，泪水又是什么？快乐是什么，痛苦又是什么？我的理解是，青春是我们无法用生命企及的彼岸，是用花香和幻想充满我们的过去。青春是想象，是对过去生活的乐观想象。如果真的能够回到过去，我相信我们都愿意再回去，可是你又怎么知道，你需要的是青春？那时的青春暂未开始，尚未结束，而真正的答案是青春就是你自己。

我同样感谢那些和我有相同感受的朋友。在成长的路上，只有我们会互相懂得、互相体谅，把时光当阳光，把痛苦当鼓舞，自己就是青春，不管在哪里都是。所以不必为自己的过往感到悲伤，因为你永远都在。在那里，是一片天，而你亦是自己的青春。

我也会经常和好友一起感慨现在远远不如从前，感叹究竟为了什么生活，怀念过去的美好时光。什么是美好？只不过是用现在的更好来怜悯当时的失意罢了。

现在在赶稿子，无比快乐，因为我想起大学时点着蜡烛用钢笔改文章的时光，很怀念。那些兄弟纷纷在攻击我，而我一一不留活口地大骂，然后哈哈大笑。QQ上有新的朋友在聊天，不能够一一作答，随便写下一点儿什么，也许词不达意，只当自问自答好了。

## 写在后面        2013/7/11

把时光当阳光，把痛苦当鼓舞。一晃十年后的今天，再看十年前自己写给自己的文字，觉得那时的自己真能够自我宽慰。一位女作家在自己的作品里写——很多现在想起来美好的时光，在当时看来都是痛苦的，只是事后回忆起来的时候才那么幸福。20岁出头的日子，每天挣扎纠结，仿佛是经历了一次新生的蜕皮，蜕去的是胆怯，是恐惧，是对事物的表面认知，得到的是对生活平和的接纳。我们总说时间是最好的见证者，它知道我们最终会变成谁，最终的归宿在哪里。其实现在看来，时间确实能改变我们，但文字才能记住一切。这本书，记录了这十年星星点点的心迹，希望每个足迹，都有迈出的价值。

## 写在后面的后面　　　　　　　　2025/4/10

看到"李寻欢老师"这五个字我愣了一下，花了几秒才反应过来他已经改名叫路金波了。《五十米深蓝》是我大学毕业后（2004年）出版的第一本小说，当时路老师花5000块买断了版权。销量不好，所以我们也没有后续的合作。

如果把我比作演员的话，那么路老师大概就是出版界的张艺谋、陈凯歌吧。

后来不断有人问起：你出道就和路老师合作过了，怎么就没有后文了？

我很尴尬，硬着头皮说：还不是写得不够好。

当初我把第一本小说的全稿给他时，他问我："为什么这个故事写到最后就没有答案了？"我说我明白他的意思，他是让我自己想清楚，而不是向我要个答案。

我当时的答案就是"不知道"，换句话而言就是"时间还没到，无法给出定论"。

2022年，我又与路老师合作出版了《想为你的深夜放一束烟火》，他说：没想到那么多年了，你还在写，并且写得不错。

这些年，我在职场遇见了很多难题。领导问我为什么的时候，我从未想过瞎编一个答案。我会思考很久之后说：我不知道。但我会尽快了解清楚。

我不想欺骗自己，更不想搪塞别人。

如果一件事情没有明确的答案，我就安慰自己只是时间还没到。

只要一直在自己确认的事情上坚持，你真的会领会到很多不经意的瞬间，那个瞬间一出现，你就立刻能明白这就是对过往某个疑惑的回应。

你提着灯，只照亮脚下的一小片泥土。

偶尔有路人问：为什么选这条路？

你诚实地说不知道，但继续低头辨认自己的脚印。

多年后某个黎明，你突然站在森林边缘。

回头望去——

那些曾被质疑的迂回，

那些"固执"的停顿，

都是溪流在冰层下悄悄画的路线图。

# 因为年轻，所以没有选择

**2004/3/22**

去年的冬天，寒冷。我忙于第一本书的宣传，回到郴州的时候已经将近除夕。当时家乡电视台《天天播报》的主力记者李锋是我的好兄弟，他建议我不如上个夜间电台谈话类节目，一来可以推荐我的书，二来也让我和郴州的媒体朋友认识一下。前者的可能性我当时没有多想，只是觉得自己在长沙待了几年，做了几年的电视节目，可是连自己家乡的媒体人都不认识，想来有一种人脉不顺的感觉，于是希望他能够帮我联系一下主持人江杉。

第二天向朋友打听江杉，光是那种不温不火的气质就可以将我年少的冲动灭得一干二净。这边还没有担心完，那边就打电话过来说："江杉的电话号码给你，自己联系吧。她人不错，就看你的造化了。"

我手里拿着电话，有点儿不太敢拨。本来智商就不算高的大脑又立刻被劈成了几块。这边想不能丢省媒体的脸，那边想自己肯定会露馅,又想到自己最近染了头发,气质温雅的女生应该不会太习惯,然后劝慰自己:算了算了,这个城市的宣传我放弃好了,反正来年开春还有更大的计划。

步行去麦当劳的时候,我突然觉得这个城市很陌生,它在一点儿一点儿地改变,像被炭笔勾勒后再一笔一笔地描上颜色。我说给周围的朋友听,他们几乎都没有这样的感受,而站在主观的角度,那种渐渐成形的欣喜想来也不是每个人都能够体会的,于是想和陌生人谈谈这里几年间人事的变化,看看是否只是自己心思中的异动。

在这样的情况之下,我给江杉打了电话。挂电话的时候回味,她的声音真的很好听。我们约在卢森堡的总店见面。卢森堡是郴州小有名气的咖啡馆,分店很多,一个比一个破落,沿途走过去,推开几乎要倒下的门打听总店,里面的人纷纷告诉我,继续走就可以找到。于是想,何必花那么大的代价开分店,而只完成一个指路的效果。这也是郴州经济膨胀发达的一个小色块。

我到的时候,江杉姐已经到了。包厢里的昏暗灯光让我心绪安宁,我们像老朋友一样互相点头,然后坐下。她问我要什么,我说随便,于是她替我点了一杯绿茶。喝茶的女生经常会让我想到奥黛丽·赫本,想来是之前午后红茶熏染浸透的结果。直发到肩,我在心里给了她一个很少用到的词语——干净。这是我形容人的极致用词,然后又听着她舒缓的语气,让我更加确定这个词的含义。

从郴州聊起，也是我的初衷。应该是对郴州有深刻感情，或者有极度观察力的人才会有想谈谈这座城市的冲动。之前接过很多专栏，主人公的地点我选择的不过是上海、深圳、杭州之类，连北京都不会涉及。在我的印象里，北京这个城市太干燥，无论是空气、环境、建设，或者感情，都太干燥。虽然那时没有想到我之后离开湖南的原因居然是选择了北京，一切都不在控制中，因为年轻，所以没有选择，只能试试。

因为年轻，所以没有选择，只能试试。这也是我告诉江杉姐的，为什么我会在高中成绩如此差的情况下，用了三个月的时间将自己成功送入本科院校。

"是否觉得自己神奇？"江杉姐一边问话，一边低头喝茶的样子很好看。

"没有，只是觉得自己很有血性。"这样的问题我在大学四年问过自己多次。

"就好像这本书里描述的？"江杉姐手里拿着我刚送给她的《开一半谢一半》。

"或许吧。"至少是对自己负责、善于总结的男人，应该不会太差。这是我的理论。

"同同是一个很热情、对朋友很好的人，是不是？"江杉姐问我。

"我想都没想过。"

"可是我觉得你是啊，和我交谈的时候很轻松，不需要思考，随性而发，让人听着舒服温暖。"江杉姐笑着对我说。

"我和你说话也是一样的感觉。"我说着,脸却有一点儿红。我不太容易接受别人的表扬。

"可是我觉得你很熟悉,像一个老朋友。"她继续说。

"哦?"那时我心里飘过去的一句话就是"主持人如果修饰语言不够的话,确实也不是一件好事"。

"我总觉得在哪个地方见过你。"她肯定。

"梦里?"我微微笑着。

"没有啦。"江杉姐把头左右摇得飞快。

"你是不是在湖南电视台工作?"

"是啊。"

"是不是在娱乐频道工作?"

"是啊。"

"是不是做过节目?"

"是啊。"

"你是不是那个外景主持人同同?"

"是啊。你不早就喊过我名字了吗?"我一头汗地纳闷。

"原来我们是同行啊,呵呵呵呵……"然后江杉姐一个人乐翻了,留我一个人在昏暗的灯光下喝茶。看起来她很快乐,即使不正襟危坐也显得很小女人。忘记是谁对我说过,不真正矜持的女子才会时刻提醒自己要矜持,而真正矜持的女子反而会忘记。

那天下午,我们从郴州聊开,到风景,到事业,到朋友,到星座,到习惯,到爱好,一直聊到晚上,却忘记了我们本来的初衷是想谈谈节目，这可是最重要的事情。

"那我是否要准备些什么？"我问她。

"不需要不需要，你人来就好了。就像我们下午这样聊就好了。真的。"

走的时候，她冲我挥了挥手。外面下着小雨，我突然觉得她有一句话很正确，那就是"我觉得你很熟悉，像一个老朋友"。就像我现在在北京，偶尔看见一个背影，都会想这像谁，那像谁，还没有来得及追上去说话，他们就一个一个消失在了匆忙的足迹里。

后来，我回了长沙，转到了《FUN4娱乐》。第一次做《明星学院》宣传的时候，江杉姐给我发了条信息：今天很好，好好加油。我看了信息良久，却不知道回什么，于是回了一个简单的"好"字。虽然简单，但包含的感情却不一样。观众那样多，而她却是站在理解我的立场上考虑，朋友做到这个份儿上，应该算是修炼了千年的水平。

再后来，又一年过去了，好朋友肖水回到郴州，那时的他已经是中国"80后"最重要的诗人之一，同时也是复旦大学当年招的唯一法学硕士。我介绍他和江杉姐认识，大家同样一见如故。回去问肖水的感觉，阅人无数的肖水说，觉得和她很熟，像老朋友。于是，我知道了，这句话，是只属于我们这些心里没有芥蒂、真正要好的好朋友。

很多次教育那些小弟弟、小妹妹说"衣不如新，人不如旧"，怎么样用在这几年我认识的朋友身上呢？不论是和江杉做节目也好,私下聊天也好,江杉说得最多的一句话是:郴州很好,记得常常想我们,看我们。很平淡,淡到你可以把它当作套话忽略不计,可是只要你用心,你就知道这样的话里包含了很大分量,不是一份友情、一句感谢就可以承载起来的。用心说出来的话,或许只有被恩泽的人才听得懂吧。先是我记得,然后是肖水记得,不然他也不会昨天打电话和我说:好想你们这些朋友,想我们无忧无虑地漫步在郴州街头的时候。"你们"包括谁呢?包括很有教养也很乖的胡胤,一个正在南京大学读书的小孩,好的专业,干净的气质,若是锻炼几年,在央视做主持不成问题;还包括有着令人艳羡经历的蚂蚁,我高中时的偶像,现在也是郴州广播电台的DJ,喜欢写东西的男孩子。

第一本小说《五十米深蓝》出版的时候,我已经在北京了。火车上收到江杉姐的短信:无论你做什么样的决定,我都会支持你。而蚂蚁则在我的博客上留言,和我一起分享他的快乐和感受,仿佛我一直在郴州,从未离开过一样。

现在北京已经开始渐渐进入冬天,可是我没有"大难临头"的感觉。想到春节要到了,我们又可以见面,可以一起happy、狂欢、放纵、聊天,或是逃匿都好,总之我们要回到郴州,见到这些即使有辉煌过去、美好未来,却依然要驻守郴州的朋友,稍做停留,然后又各自分散。

看王家卫的电影的时候听到这样的话:"我听人家说,世界上有一种鸟是没有脚的,它只可以一直地飞呀飞,飞得累了便在风中睡觉。这种鸟一辈子只可以下地一次,那一次就是它死的时候。"

我们这些离开郴州的少年,却急迫地期待回来。也许在别人看来,回来就是我们死期将至,可是我们还有风,就是江杉、蚂蚁、李锋、老马、00、老哥、胖子、阿孟,以及那些年少一起哭过笑过的朋友,直至终老……

## 写在后面　　　　　　　　　　　　2012/10/6

再看这篇日志,那种 20 岁的自以为是、恣意妄为的感觉浓重又强烈。"一本书的宣传""这个城市的宣传我放弃好了"之类的话重复出现,仿如自己已是文学奖的获得者。虽然很多遣词造句完全反映了当时的想法,但最后两段的感触现在仍没有改变过。

江杉、蚂蚁、李锋、老马、00、老哥、胖子、阿孟这些朋友中,和江杉姐仍有联系,她现在在湖南省广播电台了。蚂蚁去了广州后断了联系。李锋也不做记者了,而是以统考第一名的成绩成为政府公务员。00 是谁我也忘记了,可能是大学时要好的一个女孩,嫁给了一家超市老板的儿子,前年起断了联系。老马结了婚生了子,本来以为会一直很要好,可是后来几次见面都略为尴尬,应了那句"相见不如怀念"。那时我还一直跟着他到处玩,对服装款式的判断也都来自他。

胖子是罗璇，通过几次电话，他也有了小孩，在深圳工作，见面很少，但往事如昨。唯一与我记忆中基本没有改变的人是阿孟，去年春节我们匆匆见了一面，他单身、话密，仍算半吊子的有趣。

我回家常去高中时的学校逛一逛，期许能在上学的路上遇见一个背书包的谁，当然只是怅然妄想。老师升职的升职，退休的退休，留在高中的，只有那棵老树上的吊钟，停电时，老钟响起，全校才会沸腾。

每堂课四十五分钟，如果放到现在，每一分每一秒我都会尽力记住老师说的每句话以及四周的每张脸。

前两年，我参加了湖南卫视的《以一敌百》，好多好多的问题都来自上学和工作时扯的闲篇，然后我打败了九十九个人。任何发生过的都是财富，就看你是否在意了。

回忆是巨大的旋涡，让人无可奈何又身不由己。

## 写在后面的后面　　　　　　　2025/4/10

44岁的我重读这篇文章的时候，克制了五六七八次给编辑发信息想删除的冲动。

但我看31岁的我似乎也没那么反感，自己又忍住了。

写这篇文章的时候我二十三四岁，大概是个什么心态呢？从湖南台离职刚去北京北漂，出版了两本毫不知名的作品，在周围人眼里很有生命力，所以字里行间莫名有一种奇怪的优越感？

那时也不知道自己都看了些什么，总之整篇文章流露出来的都是一股廉价的，能一眼就看穿的"凡尔赛"文学。

如果那时的我站在我面前，我肯定会毫不留情地把"忙于……宣传""主力记者""我的好兄弟""不能丢省媒体的脸""这个城市的宣传我放弃好了，反正来年开春还有更大的计划"……这些完全不是人说出来的话，让他全部给删掉。

做作啊，做作。

我很努力地将涌上喉头的某种不适用力吞咽回去——行吧，我就是这样一步一步，从那样的我变成这样的我的。

也没准那时的我，还觉得此刻的我过于大惊小怪正襟危坐了。

但如果不谈文字上不尽如人意的表达方式，文字里记录的细节还是令今天的我感慨万千的。

比如我和江杉姐已经近十年没见过面了，很偶尔发个信息。

这几年见得最密的朋友反而是胡胤，他没有成为央视的主持人，他大学毕业后来了光线做艺人经纪人，后来考上了香港浸会大学的研究生，毕业后就留在了香港凤凰卫视做财经节目的主编兼主持人。他在光线工作那会儿，我俩也说不上几句话，最近几年走得近了，完全是因为我俩突然发现我们都爱喝酒。一喝酒，就笑眯眯的。

不过，我最近已经不怎么喝酒了。

酒是情绪的放大器，心情不好时喝酒，你的情绪只会越来越差。

心情好，倒是可以喝两杯。

# 把人生也投递了出去

2004/11/28

今天上午,突然很想念北京的后海、北方的柿子树……然后上网做了一件好玩的事,把某个朋友的一百七十一篇日志从头到尾看了一遍,我想知道在北京生活几年的人会对北京有什么感受。看了三个多小时,喝了瓶牛奶,吃了一个苹果、若干饼干。我还挺有耐心的,看完后,我很感动,一个喜欢百合花的,一个会把自己的四笔稿费支援给朋友的,一个与五个朋友共同在北京成长的,一个在娱乐圈打滚而不失梦想的人。很喜欢里面一些文字,摘来记录。

1. 后来我明白,喜欢一个事物光自己有勇气是不行的,一定要让别人觉得你喜欢的东西是世界上最好的,而且要大声地说,大胆地说,理直气壮地说。

2. 若是你还习惯于曾经,我们可以换个时间、地点,一起沉溺于过去。只需一个适当的原因。而现在,要做的则是让一起更开心。

3. 昨天上网时看到很多约稿的杂志，看到了《少男少女》，好想向它投稿，但又怕被退。初中的时候，我和同桌都投了，我写了自己帮女同学翻墙买早饭的事，她只是写了两个笑话而已。然后我的稿子连退都没退，她还收到了稿费。后来想想，还是放弃。还是给约稿的杂志写好了，不让自己做无谓牺牲。

——海蓝蓝日志

海蓝蓝是《少男少女》的编辑，如果不是她把我的日志翻出来，或许我也忘记了曾经动过给《少男少女》投稿又怕被退稿的念头。之所以现在我和她认识，是因为我还是义无反顾地投了，虽然没有都被采用，但投了三稿用了一稿，好歹存活了一些。怕是很久没有和人在QQ上这样安静地说过一些话，聊过天了。QQ的用途是调侃，是分手，是和好，是问答，绝非平静地交流，像河流，就像一群临街对骂的泼妇里，两个人在讨论怎样生孩子。静下来的时候，一个人也可以成为世界，更何况两个人。

在冬天，一群朋友聚在一起吃饭不算是最好的事情，最好的事情是一起喝汤。共用一把汤匙，围一圈热气，想念该想念的人。冬天来了，多数影片都用了飘得茫茫的雪花。世界上无法隐瞒的三件事：咳嗽、贫穷和爱。触不到的恋人，用邮箱来思念。在这个鸟为食亡的季节，我们只能靠博客挂念。

喝一杯温牛奶暖胃，手牵手倒在床上迎接暗色的绽放。

如果不是写日志，或许我都忘记了海蓝蓝找出的文字还是自己写的。以至自己在看的时候，陷入深深的回忆，还颇为费力，得仔细分辨各句出自哪里。北京虽然冷，但起码还有阳光可以触及感伤，或者甜蜜。比起记忆里用便条记录爱、记录人生、记录一切，如果周围人帮你一起回忆，超市也可以变成天堂。

## 写在后面　　　　　　　　　　　2012/10/29

我已经不投稿了，准确来说，并不是我不再投了——自欺欺人，而是终于熬到了编辑来约稿，写什么用什么了。但是在2004年的时候，我是断然想象不到这些的，简直就是天方夜谭。也许是曾经认真仔细地写下的文字仍很难很难被发表，所以现在每一次写专栏都比之前更加认真。因为知道发表文章有多苦，投稿后的期待有多焦虑，所以现在才更加珍惜每一次写字的机会。苦不是一件坏事，它会让你未来的甜更甜。

## 写在后面的后面　　　　　　　　2025/4/10

"海蓝蓝"这三个字我很熟悉，但这位编辑我是否见过，我们是否有过更深入的交谈，我是全然不记得了。

她的日志里节选了我写日志里的三段话，一段是关于自己的喜欢。至今我仍然是这么做的。因为我大概明白了，之所以别人要讽刺你喜欢的事物，并不一定是这个事物不行，而是因为你不行。如果我是一个在别人眼里很棒的人，我说我喜欢什么，那就证明这个东西有意义。更多的时候，别人之所以讽刺你喜欢的东西，可能也与这件事情无关，他们只是单纯想讽刺你罢了。所以无论如何，不要因为别人的态度而影响你喜欢的东西。一个人能喜欢一件事物多难啊，喜欢才能使心情变好，心里没有喜欢的东西，这个人的灵魂也是干涸的，走路都不会突然幸福地笑起来。

一段是关于回忆。至今我依然很喜欢和新认识的朋友去分享我过往觉得很好的东西。不是因为我觉得那是最好的，而是那是我认为很好的，我希望对方能更多地了解我。一起分享过去，是为了我们有更好的将来。

第三段是关于投稿与约稿。现在市面上杂志不多了，大都网络化、电子化了。但我偶尔会收到《青年文摘》或《读者》的稿费。从十几年前开始，我就不再去邮政局兑换稿费单了，我把稿费单都积攒着，到时我就给我的孩子看：你知道这是什么吗？这是爸爸花了很多很多年才实现的梦想啊。

# 趁一切还来得及

2004/7/28

选这个题目，是因为觉得生命太渺小，幸福却太触手可得，但是没有谁能够好好地珍惜。就像你站在动物园里逗猩猩，你敬礼，它敬礼；你鞠躬，它鞠躬；你朝它扒扒下眼皮，它却拾起一根木棒猛敲你，它知道扒扒下眼皮是骂对方笨蛋的意思。你又去逗它，敬礼、鞠躬，拿起一根木棒敲自己，等着看它的好戏，于是你看见猩猩不急不慢朝你扒了扒下眼皮……好笑？那就放开矜持大笑吧，笑完后，你我要知道，就像玩不过猩猩一样，我们最终也玩不过生命。

荷兰画家凡·高有一幅画叫《麦田群鸦》，该画的构图由三条岔路展开宽广的麦田。画中几乎没有中心视点，而分散的乌鸦使画面更显辽阔。凡·高使用三原色呈现单纯而简明的意象，这幅画充分表达了他的"悲伤与极度的寂寞"。凡·高在该画完成数日后，在阿尔的一块麦田里开枪自杀，所以这幅画也被视为凡·高自杀的预兆。

一张画，把所有的悲伤和寂寞都注入其中，代替自己抽离肉体的感情，感情安置后，人也走了。死其实并不可怕，可怕的是对于死的等待和预兆，而这一切都产生于人在活着的时候对死亡的恐惧。死前最可怕，气数将尽，掰着指头算自己的最后那一天是一件多么痛苦的事。躺在床上想这个问题的时候，怕自己没有完成真正想要做的事情，怕在这个世间还有所遗漏。没带铅笔，没带橡皮，都是不能够再回来拿了。那个曾经被我骗过的人我还来不及道歉，还有那个曾经暗恋了几十年的姑娘，我还是逮不着机会向她真心告白。一切都是遗憾，病入膏肓，想的恐惧远远大过做的恐惧。死也可怕。双手叉腰，河东狮子一大吼，可也不过是一个碗口大的疤，不过是一杯可以一饮而尽的血。死亡是短暂的，英语老师告诉我们，死就死了，是不能用进行时的。很多人幸运地经历死亡后又逃离了死亡，往往忘记经历过什么样的痛苦，心里只有劫后余生的兴奋。

生命过于脆弱，人生太不确定。人人都争做人上人，好不容易进入世贸中心工作，是多么光宗耀祖的一件事，可最后还是和大厦一块儿灰飞烟灭。发出人生无常的感叹后，发现只有性生活可以把生活的快乐立竿见影地体现，一切皆要及时行乐。

关于死的问题，科学界和哲学界一直存在着巨大分歧。把死亡界定在死和死后两个概念，模糊又牵强。如果一个人真的有死后，不妨想想，以后要一个人走，多么孤单和恐惧。

日本自然主义文学的代表作家田山花袋在58岁将死时,有人问他临终的心情,他以微弱之声回答:"想到一个人孤独而去,真感寂寞。"

可笑的是,平生否定有死后的德国哲学家叔本华也在其受临终之苦折磨时,叫着:"啊!上帝呀!我的上帝。""先生,在你的哲学中也有上帝吗?"看护他的医生这样问道。"亲受痛苦的境遇,即使哲学里没有上帝,也束手无策。如我的病能痊愈,我将从事完全不同的研究。"叔本华这样说着死去。斯人已逝,哀莫大于心死,而死却次之。死是肉身的荒废,不死却是精神上的完美。死有什么可怕的,乐观一点儿,生命即使脆弱,人生即使无常,我们只要天天幸福,天天快乐,住在乌托邦,渴了喝喝露水,饿了吃吃蜂蜜,困了往郁金香里一躺,加上好些灿烂的阳光,于是我惹谁犯谁,你也都拿我没辙。

## 写在后面　　　　　　　　　　　2012/10/6

这篇文章是我2004年写的,真不知道那时的自己究竟在想些什么。或许人越年轻的时候,就越会想一些深刻的话题以证明自己的不浅薄吧。昨天看到一段话,我们之所以战斗,不是为了改变世界,而是为了不让世界改变我们。一切都想明白之后,你大概就会知道,如何活出一个真实、让你觉得舒服的自己,才是最最重要和舒服的一件事情吧。

## 写在后面的后面　　　　　　　　2025/4/10

　　因为有过动不动就引用名人名言的经历，所以现在看到诸如此类的文章就不禁头疼。某某说，某某又说，某某还说……我又不认识某某，我明明在看你写的文章，但你通篇都在提某某，我干脆去买某某的书好了，于是生气地把书放在一旁。收录这篇文章的原因是什么呢？可能唯一的目的就是证明自己走过的弯路吧……

# 一个靠理想生活的人

2004/11/15

有朋友在QQ上给我留言，说在某个青少年杂志上看到我的专访了，于是问我，难道真的想把文学当作自己的未来？其实一直都没有考虑过这个问题，今天被人一问，倒觉得很严重。

越来越多的人把写东西当作谋生的手段，既然是谋生就一定要大卖，既然要大卖就一定要出名，这是一个不争的事实。可是我却从来没有感觉到一点儿不适，反而对有的读者来说，对刘同的理解是"又一个靠写东西生活的人"。

我无疑是一个靠理想生活的人，同时又不是一个有安全感的人，每天生活在危机周围，诚惶诚恐。对于20世纪80年代出生的孩子，尤其对于远离父母的我更是如此，只能靠文字承载一些想法，用来消遣和打发时间。除此之外，我对电视节目有着狂热的爱好，曾经有一段时间在文字和工作之间做抉择，最终还是选择了工作。文字只是一个虚幻的东西，当没有更多东西写的时候，面对的就是一个"死"字。

加入写字这个行列不算太久，看着纷争四起的江湖，有时候欣慰于自己是一个电视人，在北京有了自己负责的节目，可以实现自己的梦想，和一大帮同事一起努力。

晚上下班，用文字记录生活，和大家分享，定期出一本书。甘世佳同学也是带着文字离开了《萌芽》杂志。这样很好，有自己的工作，把文字当爱好，有一帮理解你的朋友就好了。

没有纷争亦没有盛名，有一个目标就是做一个好的电视人，另外一个目标就是做一个清醒的写字人。知道这里的人很少，能够聊天的、留言的、潜水的人，都是刘同的好朋友，高兴就说，不高兴就骂。就好像有人说，来到这里看到你那些朋友的留言，即使没有刘同的出现，都是很温暖的。

很高兴，所以很希望这里的每一个人都把彼此当朋友，因为你们都和我一样，甚至比我更宽容、更大度、更幽默、更友善。

## 写在后面　　　　　　　　　　2012/10/6

甘世佳是《萌芽》杂志很厉害的作者，后来好像给薛之谦写了一些不错的歌词，再后来也没有听过他的消息了。我和他也不熟，都是听朋友说起来的。后来连这个朋友也没有了联系，所以当我现在看到甘世佳的名字时，我也反问了自己，当年是个什么状况？当年他是我们很多"80后"写字人的榜样，从未遇见，一直听说。

## 写在后面的后面　　　　　　　　2025/4/10

看样子，我23岁的时候是真的对自己的写作前途不抱任何的希望。我无时无刻不在提醒自己：少做梦，多干事，别想着写作能给你带来什么，你能一直写下去，写作就能让你变得更清醒。你现在最重要的是把你的本职工作做好，写作只是一个爱好。

可能也正是因为这样的原因，我在非常低氧的环境里就能将这个爱好一直坚持下去。

我真的遇见了太多身边的人对我说：你还在写啊？挣到钱没有？卖得好不好？哪里有卖？你写的东西我看不懂，到底谁在看？

一开始我会觉得有些难过，但后来我就笑一笑，不再解释。

我们做的很多事情不需要别人理解，因为一旦大家都能理解你了，那你解释这件事情的时间成本就太高了，你把时间都花在了解释上，哪里还有时间去做自己的事情呢？

甚至连31岁的我在写后续对话的时候都没有想到，《谁的青春不迷茫》会成为那几年的超级畅销书，我也因此被更多读者看到。

大家一开始觉得：这个人，也不过是昙花一现吧。

但后来大家陆续发现原来我不是昙花，我是根狗尾巴草，早就在荒野里求生很多年了。

于是我抱着"我就是狗尾巴草"的念头一直走到了今天。

这些年我也会遇见一些年轻的读者,他们会问我:如何通过写作挣钱?

这个问题问我真是问错人了,但如果这时的我说千万不要以为写作能够改善生活,能够让家里人过得更好,似乎也站不住脚。

于是我说:如果你也可以像我一样,先写作,不要求任何回报,每天写,写满十三年,无论别人怎么贬损你,你都不会放弃这个爱好。如果你有这样的决心,我想你的机会一定会随之而来。

*24岁*

*那时的我认为*

我们还年轻,年轻就可以失败。

苦等的幸福,就在于对方的一句"我没事"。

难得的闲情,便是这个年代的奢侈方式。

有的时候,你看到我们很开心,是因为我们都更难过,我们学习彼此的优点来缓解自己的悲伤,不是很好吗?

# 永远的青春，永远的朋友

2005/6/1

"6月1日"，2005年已经过去五个月了。

最亲爱的易同学，春节时很兴奋地在电话里对我说："今年是我们很关键的一年，加油了。"呵呵，是啊，很关键。放下电话想起两年前的那个有阳光的清晨，我和瑾同学顺利地通过了湖南电视台的考试，一起去医院体检，人多，嘈杂，谁和谁都是初次见面，有礼貌的互相点头，无礼貌的旁若无人地大声喧哗。我和瑾同学抽完血坐在大厅，看见一个微胖但明朗的男孩站在外面晒太阳，我说："嘿嘿，那个人好可爱哦，傻傻的样子。"瑾看了我一眼，说："人家是虎头虎脑，你瘦成这样，说你傻都不配，只配脑积水啊。"

那个时候，瑾同学的好口才就已经开始奠定了。

后来回到台里，男孩跑过来说："你就是那个刘同吧？好棒好棒。"

我看了瑾一眼，心里有些飘飘然，觉得这个男孩还蛮可爱的（并不是因为他主动认识我，而是觉得他真是惜才啊，哈哈）。我问他："你叫什么？"他说："我叫唐巍。"然后又露出招牌似的阳光傻笑。

之所以开始有感触地回忆曾经的那些日子，是因为看到博客上的某条留言，让我想起几年前的我们还在做什么。

那时互联网刚刚开始，我在湖南电视台娱乐频道，为了打败湖南经济电视台的对手节目《FUN4娱乐》，我和巍同学每天去当时市里最高级的网吧下载各种节目，然后分析、研究，回来自己做策划，交给老大。冲动、自然，时间也飞速流转。那时候，我和巍同学轮流做选秀节目，一个下午，我刚拍摄回来，巍把我叫到走廊说他要离开《娱乐急先锋》了，去湖南卫视的《金鹰之星》。我当时只觉得迎头一棒，一起成长的动力突然就没了，身体也似乎被抽空了一块。留恋归留恋，我记得巍走的时候对我说的最后一句话："无论好或者不好，这两个月的工作你一个人撑下去就是成功。"

这句话我一直记得，从那天起，到两个月之后，半年之后，一年之后，两年之后，我现在还是清楚地记得他对我说这句话时的神情。

由于瑾同学被分去做现场的综艺节目，很少和我有交流，我只能自己开始摸索，所幸的是制片人小曦哥经常给予侮辱与义气并存的教育，让我受益匪浅，也让我燃起对记者行业的信心。每次拍摄时都会见到《FUN4娱乐》的记者康康假惺惺地朝我打招呼，然后鄙视——没有想到的是，后来我们居然也成了朋友。

当时的生活单调，但并非无味，每天在众人的鄙视下成长，中午吃着广电门口的盒饭也颇有滋味。我经常顶着高温坐在大厅门口吃饭，巍就跑过来给我一瓶桔片爽，让我别噎着了。看着他一直饱满的热情，我觉得自己还是很有生存下去的动力的。只是每天接受他给的3.5块一瓶的桔片爽，对每个月工资只有900元的我来说确实有些昂贵，每次喝着他给的罐头，心里都难受得不是滋味。但是我也莫名地相信，我们会努力的，会好起来的，虽然现在没有方向。

后来，易同学突然去了北京，让我措手不及，他走前的那个晚上我难受了好久，不知道这辈子见面的次数还有多少。当时没有想那么远，在长沙都养不活自己，又如何在北京生存呢？现在我都很佩服易同学的勇气，一直认为他是没有我坚强的，但其实自己才是真正的懦弱，连北上的想法都没有。后来康康也去了北京，而我也因为考研结束无着落，到《FUN4娱乐》顶替了康康的位置，遇见了晓华姐，她和小曦哥的教育方式不同，却也是我最感激的人。后来在为《五十米深蓝》写序的时候，我一想到他们，眼泪就不可自抑地流下来。在工作的过程中，以及为人处世的问题上，他们真的教了我很多。也许很多人不能理解这样的心态，就好像瑾后来要随着我离开北京的时候，她蹲在唐姐面前，口还没有开，眼泪先流出来，那是一样的感觉。对我们来说，他们是我们走进社会的亲人，永远都不能忘记的，永远要存有感恩之心的。

我要去北京吗？自己一直都做不了决定。巍花了一个星期每天晚上陪我，最后我做决定时告诉他，我会努力的，也期待我们在北京见面。

我到北京后一个月，巍和瑾也来了。五个人居然就这样在北京团聚了。

我们是经历了多少的波折最终又聚到了一起，如果不是我们自己，谁又可能会把我们分开呢？你有永远的青春吗？这个问题等价于你有永远的朋友吗？我们的回答是有。我记得我和易隔着网络聊天时的独自感叹，我和瑾在房间里的抱头痛哭，我和康康同时发出的无奈叹息，我们一定要永远在一起。争吵后，巍带着哭腔说："你们如果有误解，我觉得很难受。"

这就是我们的感情，随着漫漫时间而筑起来的城墙，经受住了自己的摧残，还怕其他的什么呢？

康康总是得意地告诉我，他比我先下载到《美国偶像》（*American Idol*），然后推荐《飞黄腾达》给我看。巍也总是召集我们一起为他的活动出主意。我们争吵，我们拥抱，我们各自忙碌，最重要的是我们都在共同成长。时间一晃就过了，大时间是过了两年多，小时间是2005年快过了一半，还有一半多等着我们去努力。

在天微亮的出租车里，我们说，不妄自菲薄，加油努力，多思考。现在的我们依然没有成绩，但有无限的希望和无限的动力，以及互相的支持和理解。我们还年轻，年轻就可以失败，不过我们希望自己尽量不失败。

说到这里，我也想对王娟说："有的时候，你看到我们很开心，是因为我们都更难过，我们学习彼此的优点来缓解自己的悲伤，不是很好吗？"

"六一"儿童节的凌晨，我们在北京最东边的隐秘深处高声讲话，忍者无敌。

## 写在后面　　　　　　　　　　2012/8/1

这篇文章之后过了没两年，文中的他们创业的创业，结婚的结婚，回家的回家，然后因为年轻的一些冲动和义气，只能私下彼此沟通了。年轻时因为面子而较下的劲，总是需要付出一些代价的。不得不承认的是，五人小团体已经不存在了。每次想到过去，心里还是觉得很有画面感。

唐巍离开光线后，风生水起地干了几年，然后因为父母又回到了湖南台。易同学和康康成立了公司，做了一些很有名的节目，听说很早就开上了大奔，住上了别墅，女孩们嫁为人妇。精彩的剧情戛然而止。

这个假期见了很多同学与老友。以前我也想，等到毕业一年、三年、五年再见，但其实在这个过程中很多人就断了联系。所有现在能见到的朋友都是见一次少一次，你甚至不知道下一次再见的时间,所有少年相约的承诺在未知命运前都只是当下的安慰。你总有一天会明白:有些人,有些事,一时错过,就是一世。

电脑桌上养了两株薄荷,有的叶子已近枯黄,摘下来时,仍饱含清新之气,让人惊喜。即使死了,也并非一文不值,恐怕这就是回忆的价值。

# 写在后面的后面　　　　　　　　2025/4/10

　　除了我和瑾至今仍在一个公司工作，这篇文章里提到的所有人都几乎没了联系。甚至比没有联系更糟糕的是，最要好的朋友是最懂得如何刺伤一个人的，因为他知道你心里最软的部分在哪里。这篇文章我也几度想要删除，后来还是留着了。

　　过去就都过去了，不想再复述。

　　我喜欢2012年我写的最后那段话——电脑桌上养了两株薄荷，有的叶子已近枯黄，摘下来时，仍饱含清新之气，让人惊喜。即使死了，也并非一文不值，恐怕这就是回忆的价值。

　　写得很好，那就当所有死去的回忆都是一盆又一盆枯黄的薄荷叶吧。

# "我没事"的幸福

2005/7/12

白色书桌,阿玛尼香水广告。2003年,同的信每周如期而至。青春最为灿烂的季节,他是一直安静陪伴的朋友。12月,他在信里淡淡告诉我:考研未果,小说未知,左眉开始稀疏,钱包丢失。所租小院唯有午睡低语的母鸡,一个人开始哭泣,那些势必与从前决裂的日子,定有支离破碎的阵痛和藕断丝连的游弋。于是,认定最为昂贵的香水该是那一季的圣诞礼物。阿玛尼,是不肯放弃黑白两色的纯粹与清明的。山长水迢,不过期待冰冷考室里有些微暖的味道,成全跋山涉水的友谊。今日,北京,他依旧踮着脚摘取他的梦想。

——Ann 给我写的信

阿玛尼香水,黑白色,经过了六百多个日夜的沉积,淡漠成了灰白的颜色融合在了空气里。六百多天前,围麻色围巾,Ann 笔下的寒冷让我明澈洞悉,将万里之外的礼物静置于桌头，摇曳的波纹化为茉莉叶子的清丽。

琐碎的回忆，如柳絮绵绵，堆积在路口，成了难以逾越的心伤。

简单的歌曲，哼着飞上云杉的记忆，被白云压得极低的天空下有安的行走。她取名叫 Ann（安），只是为了在异国稳定安生。细细碎碎的步伐，隔着万里的清洌仍然可以亲吻她的脸。她说："我走了。"我说："你走吧。"然后转身，从此不再回头，迎着街口的风，感到寒冷横贯于心胸。手里泛着蓝色冷光的 Discman（随身听），里面有着烟火的光芒，冲破长沙阴郁的天气，如文身一般将你我的离愁别绪刻在云的背后，被风撕碎，丢在任意的方向。我想象着年幼的我们俯身玩沙的情景，触动了鼻头的酸楚。

安说要走说了三年。我以为给她一个理由、一个释放的出口，她便能学会畅想。后来她真走了，湮没在万千留学的人中间。黑色有荷花纹路的衣服，一头飞扬的长发，她说英国的冬天寒冷，衣服又太昂贵，希望我能够帮忙物色几件寄过去。

我就顶着一头杂草从早晨 9 点的屋子里走出来，步履轻快，淡忘了没有落点的滑行，直接到达愉悦的彼岸。一身的落寞穿行于上架新衣之间，多少侧目也抵不过我黑框眼镜之后的满足。考研结果未知，但幸福却在手里，只需要自己的一个决定，异乡的她便会展眉舒心，潦草的一个"谢谢"也足以让我四肢伸展，放肆大笑。

返回家中，却突闻伦敦发生了爆炸。冲击波万里外径直掠过发梢，电视上正在进行的节目被中断。我想到安的恐慌，担心捂着脸的她从人群里出现，黑色的有荷花纹路的衣服，上面沾染了她的血色。我立刻上QQ给她留言，然后过了十分钟，安的头像亮了，回复："我没事。"

我哑然失笑。苦等的幸福，就在于你说一句：我没事。你说，人生如寄，不过如此。

## 写在后面　　　　　　　　　　　2012/10/7

这是我认识十三年的安姐。她从英国回来之后，一直在上海工作，结婚，怀孕。我从来就没有进入过她的生活，一直平行而望，隔岸感伤。或许这样的距离，我们反而把彼此看得更为清楚。想来奇怪，以前所有记录中，轰轰烈烈的情事大多均已落幕，而我和安这样淡淡的情愫，却忽而就那么多年了。

我记得刚入大学时，为了要进文学院宣传部做干事，拜托了老乡李旭林邀约安姐。我身上揣了100元，硬着头皮点了一份15元的小龙虾，最后她笑着看我一个人把小龙虾吃完了。

谁又能想到，十三年后，在偌大的上海城，二十八层的公寓里，电视上出现了我参与录制的节目，老公说："这个人挺有意思的。"老婆说："我们第一次见面,他把自己点的小龙虾全吃光了。"后来,安打电话给我说："你姐夫夸你表现真不错。"

我本想问她："那一次你招我做你干事的时候,肯定知道我不会让你丢脸的吧?"

后来没问。人生如戏,你的一生中,若要精彩,总得靠自己去碰几个配戏的好演员。

## 写在后面的后面　　　　　　　　2025/4/10

那时我已经在北京了,一个人住在十几平方米的二楼出租屋。

每天上下班,就是坐在电脑前写东西。

大概是从邮箱里找到了安给我写的邮件,一时间就被代入到了考研失败的情景里。

但我想我应该是开心的,每当我写的东西突然跳出本身的环境,而呈现出很自言自语的状态时,那就一定是我最舒服的时刻。

我和安这些年一直有联系,但这种一直联系不过是两三年见一面。

24岁的时候,我们跨越万里写邮件,只是觉得这种分离不过是人生当中的一瞬,未来肯定不会失联。

她因为爱情回国,为了事业去了北京,为了家庭留在上海,我们为了生活而很难再见到一面。

如果我对24岁的自己说：你们一直关系很好,每两年见一次。我相信那时的我一定会觉得这个世界太冷漠了。

但冷漠的并不是这个世界,而是我们为了自己暖和,只能冷落他人。

好在,我们都成人了,都理解这是成人世界的规则。

我把她这些年的故事写成了一篇文章叫《她像个和生活厮杀幸存下来的女侠》,收录在《等一切风平浪静》中。

因为辅导女儿的学习,所以安早睡早起。

她时常第二天一早看完我的某篇公众号的文章后,就给我发来很长一段感受。自说自话,并不在意我是否能及时回复,甚至不需要我回复。

我知道她没事。

她知道我也没事。

那就是最好的事。

# 闲情是最奢侈的

2005/7/31

我喜欢喝西米捞。

昨天被小苏拉出去喝西米捞,他说这里的西米捞很实在,每扎只需 30 元,可以喝到你吐。前面的形容对我没起作用,毕竟现在也不是 1 元、2 元攒到结婚的年代,我也没有了哪里实惠就去哪里占便宜的可爱。倒是后面的"喝到你吐"让我颇有兴致,要知道,自从工作之后,啤酒两口干尽,可乐三口解决,除了和亲密朋友接吻,没有什么液体可以在嘴里待一秒以上。

小学老师每天拿教鞭指着我们:一寸光阴一寸金!寸金难买寸光阴!

"啪啪啪",被连着揍了一个星期之后,做什么事情都是快快的,所以长大之后就格外喜欢林夕的词,看他写:爱上一个认真的消遣,不过用了一朵花开的时间;遇见一场烟火的表演,只不过用了一场轮回的时间。

难得的闲情，便是你我这个年代的奢侈方式。

落地玻璃，空气清新，长安街的晚上没有车来车往，一盏吊灯，两个人，不用刻意聊天、装腔作势，随手拿过杯子想喝就喝，人生前二十几年唰唰唰地就在眼前过了一遍。

这是一个典型的港式茶餐厅，广东人喜欢在这里喝下午茶，打发时间，悠闲悠闲，懒散得惬意。一壶茶，几份点心，与周围的人和装饰相得益彰。

想象总是美好的，就像我可以向很多人解释何谓不伦之恋，自己却从来没有体验过一样，我可以向很多人建议去喝喝下午茶，但自己根本不知道下午茶里什么配什么好。

隔壁坐了男男女女一大群，拿着菜谱唾沫横飞，在夜深人静的氛围里着实有些嘈杂。为首的老板戴着粗粗的金项链，笑眯眯的小眼，把女子搂在怀里，丝毫不费力气。他们点了一大桌菜，然后又向服务员要了好喝的茶。

我知道这里的奶茶不错，人人一杯，唇香齿滑。

"有观音还是龙井？"当首的问服务员。

服务员有些愣住，在这样的地方，要喝一壶真正的好茶似乎有些唐突。

大声的嚷嚷引来了老板，针锋相对之后，老板推荐了自己珍藏的明前龙井，一壶2000元。客人面不改色地说了一声"好"。二十分钟之后，一壶碧绿通透的明前龙井端了上来。

各自恢复了平静。

我和小苏靠在椅背上看逐渐亮起来的长安街，一点儿一点儿明晰起来的色彩，心里感叹这样奢侈的悠闲。

那边传来接连不断的称赞声，当首的告诉身边的女人："你看，这就是一壶非常好的茶。"然后女人喝了一口，说："真的不错，很好喝。"

30元的西米捞旁边是一壶2000元的明前龙井。

这样一个典型的港式茶餐厅，人来人往，进进出出，包容着不一样的奢侈和奢华。

## 写在后面　　　　　　　　　　　　　　2012/10/7

那一年的我对很多事都有自己的一套看法，而且急于表达。换作今天，我肯定闭而不语，甚至都不会记录下来。那时敏感，任何细微的变化都用笔触记录下来。那个餐厅叫日昌，以前常去。后来身边的朋友几乎换了一拨之后，好像只去过一次。水果西米捞仍只要30元，但感觉不如以前好喝了。

## 写在后面的后面　　　　　　　　2025/4/16

　　这些年我就再也没有喝过西米捞了，估计是那时喝吐了。

　　我甚至不知道西米捞为啥叫西米捞，刚才一查才知道原来西米是一种植物淀粉做的小颗粒，类似于珍珠奶茶里的珍珠，然后加上牛奶或椰汁，再放入块状水果，就是西米捞。

　　而这个叫日昌的港式茶餐厅，我也几乎没再去过了。

　　打开软件，发现他们有一半的店都显示了闭店。

　　那时绝不会想到永远在排队取号的餐厅会因为什么而变得门可罗雀。

　　很多东西都是渐渐衰弱的，可你毫无察觉。

　　也许你早有察觉，但因为只是渐渐变弱，所以你总觉得影响不大，再看看。

　　"渐渐"具有无坚不摧的力量，也具有四两拨千斤的力量。

　　如果你觉得自己似乎在"渐渐"变好，那就不用去理会，让自己在这种"渐渐"里沉浸。

　　当你被"渐渐"泡透了，你就彻底成了另一个你。

# 一生只被嘉年华骗一次

**2005/8/21**

从嘉年华的大门出来，历时一个半小时，三个人花了1000元，得到一个大熊猫、一个大奶婴、无数个小玩偶。我可以用钱来挑战我的童年，但是他们却不可以。我说的他们是那些真正的孩子。

看见一个爸爸带着小孩站在扔飞镖的游戏面前，无数个玩偶充斥着小孩的眼睛。爸爸已经满头大汗，小孩却依然不愿意走，他的手上只抱了一个小玩偶，看着面前的大玩偶，眼泪在眼眶里打转。爸爸说："我们走吧，已经花了600元。"

如果童年要用金钱换取，他们最终会得到什么呢？

感情不能假手于人，中间一旦掺杂了等价交换物，也许最后记得的只是等价物了。就好像我和你分开最终只记得那个漂亮的送信人。

我想他长大了之后应该不会记得爸爸有多努力地为了那一个大玩偶而顶着太阳扔飞镖却一个也中不了遭人嘲笑的样

子。他只会记得自己得不到那个玩偶，是因为爸爸没有钱。

该死的嘉年华只适合我这种无聊的人，用钱打发时光，买来一片好景致，用上一次数码相机，当作外景狂拍个痛快。我会记得我投球十投十空，会记得摩天轮40元五圈，会记得鬼屋里的简陋布置，也知道了那些智力游戏都很难玩，游乐场拖着大北极熊走来走去的都是托儿。五光十色的游乐场，坑坑洼洼全是陷阱。它知道它的一生只能骗每个人一次，我也知道我一生只会让它骗我一次。所以我找了很多场景给自己留影，摆些好pose（姿势），抱着用人民币砸出来的各式玩偶开心地笑，只是想告诉妈妈，自己在北京过得很开心，千万不要担心。

她没有多余的钱让我有个富贵的童年，她把我扔在外面随我逛荡，我学会了爬树捉天牛，把裤衩一脱就跳进池塘游泳，露完了一辈子的点。

嘉年华是让成年人虚荣的游乐场，让成年人装纯情的游乐场，游乐场里全是做作，包括我，小孩的天真只会被淹没。

# 写在后面　　　　　　　　　　　　2012/3/20

后来，我并没有做到一生只去一次嘉年华，但是那句话倒是没有错——每个人一生只会被它骗一次。而后面几次，明知没有胜算的我，还是花了不菲的价格换了一堆币，在一次又一次预料的失败中前行。

几年前输得懊恼不尽兴,现在输得尽兴,也不失为一种乐趣。虽不会在花钱时再三算计了,但依然觉得1000元是笔大钱。

## 写在后面的后面　　　　　　　　2025/4/16

　　按常理来说，31岁的我觉得"虽不会在花钱时再三算计了，但依然觉得1000元是笔大钱"，那么44岁的我，理应要写"现在1000元对我而言似乎也不是笔大钱了"或"1000元对我而言似乎比年轻时觉得更贵了"。

　　我总觉得自己对这个世界的判断，取决于人生的顺遂程度。

　　只是千算万算算不到，现在这种小型嘉年华几乎在每一个城市的商场里都有。

　　它们都变得便宜无比，我上个月去了趟长沙的商场，各种夹娃娃机让人眼花缭乱。300元可以买到800枚游戏币。

　　孩子们手里拿着游戏币跑来跑去，家长们在一旁玩手机。

　　兴许消费便宜，不需要那么认真对待每一场游戏，所以随便孩子们失落或得意。

　　我买了100枚游戏币，在各种游戏机前徘徊，对任何一种都提不起太大兴趣。

　　我突然能理解家长们的情绪了——因为不用付出太多代价，所以似乎失败了也没什么关系。

　　当年抱着孩子一直研究射飞镖策略的爸爸，依旧鲜活地出现在我的脑海里。

　　不知道当时他抱着的孩子现在是否已为人父，会不会像自己的父亲那样，把和儿子的每一场游戏当成人生的一次难忘的回忆。

# 喜欢就立刻做

2005/9/7

看中了阿迪达斯的限量版鞋,一直等着打折。小苏下午就告诉我这个消息:"哈哈,我买了,最后一双,其他的卖完啦。"

于是,我就当忍者。

阿迪达斯又推出了好多新款,我又等着打折。然后小水告诉我:"哈哈,哥哥给我买了一双红色的,最后一双。"

我就指望着蓝色的那双没有人买。

后来,小苏告诉我:"哈哈,我又买了一双蓝色的。"

我问小A有无卖阿迪达斯的朋友。小A从来就热情好客,你和她说话会感觉她是那种时刻恨不得把家产都给你的人。

她说:"有啊有啊,你告诉我货号,我给你打六折。"

我告诉小苏和小水:"哈哈,我的阿迪达斯打六折。"五秒后,小A给我发了一个网址要我选自己中意的款式。

我挑了一双白色加绿色条纹的,一双黑色加金色斜纹的。

想着又可以找人节约将近600元,心里好舒坦哪。

我跑到阿迪达斯店试了试,42码的正好,很开心地走了。

第二天,小A很惭愧地告诉我:"只有39码、44码、45码、46码……我们换一双别的吧。"

我立刻跑到东方新天地,自己看中的鞋子42码的都卖光了。我什么都不指望了。

如果你喜欢一个东西,千万不要贪便宜,马上去买,不然你有钱都买不到。


对你喜欢的人也是一样,看上了就追。不要像小B一样,总觉得暗恋的滋味最美,才暗恋对方两天,就成了人家的第三者,这就是报应。


## 写在后面　　　　　　　　　　2012/3/20


看上了就追,相中了就买,绝不再做后悔的事情。现在有人问我,为什么你总是那么激动,那么草率地做决定?看到这篇日志,我才想起来,原来早在那么多年前我就说服自己要改变。宁肯做一个草率的决定,也不要一直后悔地回忆。

## 写在后面的后面　　　　　　　　2025/4/16

2012年的我写的东西,我今天依然举双手同意。

我举一个我曾写在书里的故事——我看了一套湖边的房子,小区平时一平方只卖6800元,但我去看的时候已经卖完了,销售看我确实很想买,而且想立刻买,于是就报出了8800元的价格。我问朋友：一套房子就要贵出20来万,值得吗?

朋友说：整个小区投资好几个亿,就只有这一套建在了你的审美上。你想想看,你多花了20万,就买到了唯一你自己喜欢的。当然值得。如果你不买,此后几年你想起就会后悔,有后悔的工夫,不如好好工作把钱给挣回来。

我买了。

现在每次我站在窗边看着湖,就很庆幸自己再也没有犯过年轻时的错误了。

当然前提一定是在自己可承受的范围里,尽量让自己开心。

# 命和认命

2005/11/8

醒来已经是下午3点。

虽然说外面的温度已经很低了，但是我在北京的房子还是可以看到通透的阳光，像水面上的波光一缕一缕地荡进来。也许北京最吸引人的就是它冬日的阳光。

夏天打开窗户，看到的是一棵巨大无比的树，招摇着长到了七楼，目光所及之处只是它的腰部，茂密的枝叶如此厚重，绿色也一层一层叠上去，住在这样的楼房里，早晨的心情自然会很好。

最近加班到很晚，第二天上午会陆续接到很多陌生的电话，对方突然提起一件事情，让我从脑子里搜索不到关键词，只能用"你好""是的""没问题"搪塞对方的询问，基本上都是没有意义的答案。挂了电话，我开始担心起自己的记忆力，怕自己睡了一觉之后什么都忘记了。想了半天，硬是想不起来，再转过头发现已经迟了好几个采访，不禁嘲笑自己平时的效率。

看来一个人最没有安全感的时候就是半梦半醒之间,无论做任何事情首先是怀疑自己,然后下意识地不允许自己出现错误,用找不到缺陷的词语回答,结果是每一件事情的处理都使双方很满意,完了互道感谢,挂了电话却不知道自己在说些什么。

以前看书的习惯是睡前看,现在则是醒来看。村上春树的书读了很多遍,总是没有止境,因为他写的大都是个人的生活状态,而少论及社会意义,所以留下的印象往往是当时震撼过后却又不那么记忆犹新。可见人的状态是经常过着过着就迷失了自己,不然每次看过,再看的时候,怎么又会忘记了当初自己的心境。

一个人的时候看村上的书,则是一种逃避。不过也未尝不可,相反这种感觉经常是以不可抑制的状态出现。一个人窝在沙发上,一瓶可乐,客厅的时钟嘀嘀嗒嗒,转眼就是一个下午,就像蚕在作茧,只忙于构筑一个人的世界。

很多人的书都可以从中看到作者本人的品行和世界,但往往大多数人的魅力并不吸引人。所以多数的派对作家靠吸取他人精华装点自己,末了在自己的头上、胸口插上一朵俗不可耐的大红玫瑰,这是类似动物求欢的举动,还是会吸引一些马路读者。

最近看《SOHO小报》,有冯唐的文章。Boya 刚好近期也在网上和我聊起这个人,他颇为自豪地告诉我,2002年就看过冯唐的《万物生长》，言下之意是告诉我，有潜质的东西早就被他所留意，而不是现在人云亦云，简单地就撇清了我和他的层次。

关于命运，小报上很多人长篇累牍。冯唐说：姑娘站在那儿，我在这儿，姑娘迟迟不过来，这就是命。我收拾好自己，带着玫瑰和电脑走过去，这就是认命。（原文记不清了，这样解释也不错。）我自然更喜欢这样的诠释和态度。于是我在网上找到了他的两本书（《万物生长》《十八岁给我一个姑娘》），准备订购。付款时才发现上个星期用过的10元免费卡号，同一用户名已经不能使用，为了买到这两本书，我又重新注册了新的用户名，再次减少了我10元的开支。

喜欢上一个作家，就是命。如果发现他的书不能打折还坚持买，就是认命。如果找到其他的方式来优惠自己，就是和命运做斗争。

## 写在后面　　　　　　　　　　　　2012/3/20

美好，似乎往往很难在回忆中留下那么深刻的印象。觉得幸福时，只顾记下父母的笑脸了。觉得甜蜜时，只顾听你发出爽朗的笑声。而其他，却丁点儿都想不起。花香、鸟鸣、清新也不过是当时的心境而已。而那些凄苦、那些遗憾，反而能将当时的场景完全还原。其实我觉得这个特点尤其好，因为念念不忘往事，也就不会过于沉溺现在的不尽如人意。现在也没当初那么喜欢冯唐了，微博的盛行让当初有想象空间的作者变得不那么有趣。

《SOHO小报》停办了，反而是创始人潘石屹的微博小段子开始流行了。

村上春树的书买了全集放在书架上，一本一本地扫过去，集合了一个日本中年男子漂浮般的生活，貌似我也快到他描写的那个年纪了。

## 写在后面的后面　　　　　　　　　2025/4/16

冯唐老师的书，我已经很久没看过了。

村上春树的书，我前段时间买了一整套正版回来收藏。

一晃十几年过去了，之前文章里提及的人和事有些能提，有些不能提，主要是再提也显得不合适了。

日记里提到自己常常会接到很多陌生的电话，然后是一通没什么意义的对话。大概从十年前开始，我就不再接陌生的电话，而是第一时间回复一条短信：暂时不方便接电话，请发信息告知。

一是那时开始骚扰推销的电话逐渐多了起来，二是我不再担心错过别人给我什么好机会，如果别人真的有要事找我，便会给我发信息。

前天晚上和两位好朋友在一起聊天，其中一位说：就算是你俩，我都不会直接拨电话，觉得很不礼貌。而是会先问一句"方不方便接电话"。

时间真的会改变很多人的习性和认知。

我最近买了一台旧的CD机和一些CD碟片，我的健身教练说：哥，这玩意我只听过，没见过。

也难怪，他出生的时候，CD机就开始走下坡路了，等他长大了，大家都开始用手机软件听音乐了。

任何惊为天人的东西，在时间面前都显得那么不堪一击。

## 那时的我认为

如果让你用一种动物形容自己，你觉得什么比较合适，为什么？
狗。很贱很贱的狗，怎么弄都死不了，整天乐呵呵的。保持良好的贱狗心态有助于正视自己。

我曾经就答应过你，我会坚强起来，不依靠你，不依靠妈妈，完全开始靠自己。

现在，我更能体会到朋友的意义：帮你弥补缺失生命、缺失记忆的亲人。

今天永远对明天充满幻想，才有坚定的信念活到后天。

我们都说要做有追求的人，最后往往发现周围只剩下了自己。

能鼓励你的人也只有自己。

# 能让人记住的就是个性

2006/2/20

想来自己是一个毫无个性的人。

当《超级女声》在北京疯狂流行的时候,我很冷静地告诉周围每一个恨不得立刻要飞去长沙的人,我是参与了第一届《超级女声》全程宣传报道的记者,眉目平视,语气淡定,波澜不惊。言下之意就是周围人都太大惊小怪,心态要放平和。

然后没过两天,一个大聚会被旁人集体放鸽子,被迫和大家看了一场《超级女声》某集决赛。两个小时飞快过去,全场只看见我一个人举手申请面巾纸,张靓颖母亲出现的时候,我抽泣得上气不接下气,只差倒地气绝。灯亮了,人散了,每个人出去的时候都对我说:"真没气质,你肯定是个大骗子。你肯定没有报道过《超级女声》。"

我说:"我真的不是骗子,谁说哭了就没有气质。我真的真的只要一做选秀,就会莫名其妙地哭得一塌糊涂,完全不能自已。"

然后,朋友就在一旁努力做证:"是的是的,他是一个超级善良的人,以前做《明星学院》,每次比赛完,全场就数他最激动,比被淘汰的人哭得还惨。最后被淘汰的人不好意思了,反过来安慰他。根据多哭会长寿的理论,同同肯定可以活到200岁。"

末了,每次都加上一句:"不过不要学孟姜女一不小心哭死就好了。"

经过这一次超女事件,不管我是:

1. 工作一天,笑绝对不超过两次,保持冷酷。

2. 把所有的内裤都换成CK,自成一道风景。

3. 用两面墙的CD修饰房间,用音乐点缀生活。

4. 工作十二个小时后要吐了,还要坚持写作两小时,做有理想的文学青年。

5. 每星期看一本小说,每天做五十个俯卧撑,睡觉前铁定吃营养胶囊,玩《太鼓达人》打到吐血也要一个不漏地过关。相信有童心的人才健康。

6. 夏天的短袖不会在身上重复穿三次以上。坚持怎么变都有型。

7. 游泳前还在研究iPod(一款多媒体播放器)是否有防水套。相信不爱音乐的人无美感。

8. 不管来录制节目的明星多大牌,坚持只握手,不照相。做一个专业的人。

不管我做了多少以上的不管，他们现在都会在我意气风发、得意扬扬、走路带风的时候悄悄对我的新朋友说："嗯，他看《超级女声》会哭。"于是，我就听见精心建立的个性城堡在身后倒得一塌糊涂、惨绝人寰，连写遗书的机会都没有。

为此我很郁闷，但是朋友总结说，个性就好像古时候大户人家选老婆，选了老婆选小妾。选多选少没关系，但关键在于不要选一个扫把星。那不仅不会让你颜面亮堂，还会直接导致你家门中落，想起来都惨。

我知道她是在说我，说我千好万好，就是毁在了一个"哭"上。她忧心忡忡地为我分析，没准看《超级女声》哭了这一件事，就会影响我接下来的人生旅程。

香山的枫叶当红，游客如织，凉意似锦。我和她坐在山间的石凳上感叹多么美好的大好河山，多么难得的良辰美景，她突然就对我说："你说，如果你现在负责的节目收视率飙升，年终评奖时，获得了全国最优秀电视节目奖，场地广阔，万众瞩目，全球直播，你正准备做长篇发言时，突然有人对着话筒说'这个人看《超级女声》会哭'……你怎么办？"

我的心情立马落到谷底。

"你再想象一下，你的新出版的作品大卖，获得了教育系统的认可，决定要把它收入课本当教材，你当着万名学生做榜样发言时，突然又有人对着话筒小声说'这个人看《超级女声》会哭'……你怎么办？"

朋友继续在我耳边说，设想的情形一个比一个惨，我觉得她不写《世界末日》的剧本真是可惜了。

为什么看《超级女声》会哭呢？我有点儿想不通。后来我就想通了，其实我不只是看《超级女声》会哭。我逛街逛到一半，看见某个店铺里的电视机在放国产古装剧，一个女演员披麻戴孝地扑在坟上哭，我走神看了十秒，眼泪就会出来，我是打内心里觉得那女的特别惨。

我这一激动，就把周围的人吓坏了。在朋友了解了我的真实感受后，立刻就有了一传十、十传百的效果。陆续开始有人向我表白，不管是信笺还是E-mail（电子邮件），头一句话总是：你特别善良。

我现在也总算想通了，标新立异给自己加那么多标签，还真不如一个让人对你口口相传的特点好。标签太多谁都记不住，能够让人记住的特点就是个性。

朋友和她的超个性男友分手之后对我说，想想自己周围那么多大众脸，那么多人走马观花，那么多人似曾相识，真为你对《超级女声》掉眼泪的善良而感到骄傲。

## 写在后面　　　　　　　　　　2013/7/11

哭的特点，至今未变。在《职来职往》节目中，却因为哭这个特点被很多人记住了。为北漂的大学生哭，为地震灾区的志愿者哭，为重返工作岗位的妈妈们哭，在节目里和想做新闻记者的女孩吵了一架之后又哭……"哭个毛线啊。"我也常常事后对自己说，可事情重新再发生一次，我又忍不住了。后来我发现，我并不是为眼前的事情哭，而是想起这些年走过来，他们的义无反顾，他们的孤注一掷，他们的倔强任性被人误解，都是自己身上真真切切发生过的。因为发生过，想到自己当年的辛苦，看到眼前人的辛苦，所以就忍不住了。后来，我再也不纠结自己哭这个毛病了，这就是我，多么生动又不需要刻意伪装的我。多少人在后来的人生中，走着走着，忘记了自己是谁。我可好，一部文艺片，一首煽情歌，一句真心话，都能让我露出本来的面目，对和我生活在一起的人而言，该是一件多么幸福的事情。小时候，我特别烦故作成熟的同学，因为自己根本装也装不出来，怕自己装了被人批为幼稚。后来长大了，再回想起这一切，才发现喜欢装成熟比起天然幼稚来，更为幼稚。每个人的个性都是上帝的赐予，不要磨灭，不要改变，不要嫌弃，它一定会在你需要的时候给你惊喜。

## 写在后面的后面　　　　　　　　2025/4/16

　　这篇日记里，好多好古怪的形容。

　　比如"把所有的内裤都换成CK"，我愣了一下，这都是什么奇怪的行为，然后慢慢琢磨出来——那时好像贝克汉姆代言了CK品牌的内裤，且穿这个品牌内裤的时候要隐隐约约露一条边，就显得这个人很时尚，很有品味。

　　大家都以穿CK的内衣裤为荣……当我缓缓打出这一行字的时候，都有点点羞耻。

　　但如果你把这种举动当成"必须要去环球影城打一次卡"，"必须要去电影博物馆看一次《奥本海默》"，你就明白每个年代总有一小段时间某些人会趋同去做一件事。

　　比如现在，每次朋友聚会，就有人会问：有没有人要打几把掼蛋？

　　那时，用来购买衣物的费用不多，我就每个月换两三条内裤，慢慢把内裤都换成了CK的。

　　而现在，我衣橱里少有CK品牌的内衣裤了，因为我前几年在国外旅行时发现了一个当地品牌，一条内裤才卖人民币40块，特别物美价廉，每次都托朋友给买回来好多。

　　我现在还是很容易被感动，而且我很享受自己被事物打动的状态。

　　每次我哭的时候，我就想：真好啊，我还没变。

# 25 岁的自问自答

2006/11/4

**① 25 岁时，你最大的梦想是什么？**

两次做梦的时候，梦到新书《美丽最少年》全国卖到发疯，人们奔走相告，被教育部门收回去点名做成教材，然后惊醒……而白天一直想的就是自己节目的收视率继续涨，让节目的创意风格和收视率都成为同类型节目的标杆，要一直领先并且远一点儿才好。

**② 25 岁时，你的状态是什么样子？**

今天永远对明天充满幻想，才有坚定的信念活到后天。

**③你觉得 25 岁时，一个人必须尝试的一件事是什么？**

做一件从来就没有想过的事情，挑战一个极限，让自己也佩服自己。比如试着编一个较为复杂的电脑程序；劝说一个找不到目标的朋友，帮着他一起改变他的现状；也可以玩一款PS2全日文的RPG游戏，不借助任何秘籍打通关，并且将其中的意思猜个八九不离十……只有自己佩服自己，才能让别人信服你。

**④你对自己目前的状态满意吗？**

还好。因为年轻，工作上不免遭受到一些不信任，会着急。但在对抗中，自己也渐渐地成长，心态开始平和。有时会想工作是什么不重要，重要的是你努力做了，并且有成绩，你就会充满自豪。

**⑤你是否觉得生活越来越充满压力？你如何面对压力？**

是的。大压力要用大幻想消解。每次被上司狂批之后，就幻想节目会被中宣部点名表扬，像《康熙来了》一样成为大陆娱乐节目的模板……朋友说我太爱幻想，如果认识新朋友，觉得对方人好，就开始想下个周末一起去哪儿玩、要不要大家在一起买房、是不是要请假一起去国外旅游之类的。我基本认同这种说法，不过正因自己喜欢无聊的想象，遇到一些难搞的事情，也能够化解。在幻想里得到满足后，朝着目标加倍努力。

**⑥爱情、事业、友情、娱乐，你如何排序？**

友情、事业、爱情、娱乐。（怎么没有亲情？如果有，亲情排第一。）

### ⑦如果让你用一种动物形容自己，你觉得什么比较合适，为什么？

狗。很贱很贱的狗，怎么弄都死不了，整天乐呵呵的。保持良好的贱狗心态有助于正视自己。

### ⑧如果时光可以倒流，你还会给自己规划另外一种人生吗？那是什么样的人生？

有朋友给我算过，说时光倒流到前世，我是青楼女子。之前将信将疑，后来发现这个朋友只要给人算命，都把对方算成青楼女子。放到现在，可以选的话，我想从事艺术创作类的工作，比如动画设计、音乐创作。实际上我对现在的选择并不后悔，依然喜爱。

### ⑨在你成长过程中感觉走得最关键的一步是什么？

第一本书是大四写完的，没有任何门路出版，于是四处求人，上网投稿，上门咨询，不停地打电话，不停地被拒绝……感觉自己一辈子的脸都在那时丢光了，但依然坚持去做。当版权被5000元买断时，长舒了一口气。虽说版税太低，被人说成得不偿失，但对我而言，那本书被人认可的一瞬间，也是我二十年来头一次被自己认可，从此变得自信。

## 写在后面　　　　　　　　2012/10/7

　　好吧,这是我25岁的答卷。其实,如果要重新作答的话,也许爱情的排名会更靠前一些。那时觉得友情第一,也许是因为从来就没有真正为一个人付出过,当所有的得到都觉得是理所当然时,就觉得得到的一切都不那么重要了。而现在,当付出并没有得到回报时,才知道原来爱是一件那么重要的事情。除此之外,也许现在作答的措辞会更为工整一些,但是那时的我却如自己希望中那般清脆。

写在后面的后面　　　　　　　　2025/4/16

　　这份答卷应该是《女友》(校园版)的采访。

　　而《美丽最少年》，是我 25 岁出版的第二本小说。这本小说与出版社的版权十几年前就到期了，再没有授权出版过。我能理解 25 岁的自己在任何场合都希望提及这本书，希望自己写出来的作品能一炮而红，包括自己做的电视节目也都一样。

　　那时做的梦特别单——全都是希望自己被人看见。

　　随着时间慢慢过去，就再也不会做这样的梦了，不是觉得自己没有运气了，而是认清楚了自己能力不足够。

　　我想起出版《谁的青春不迷茫》的前一年，我出版了一本职场书，也没什么媒体愿意发稿件，我特别颓，觉得自己写出来的东西根本没人看。

　　那时我的出版同事北宜就说：如果这是你出的最后一本书，那我们就努力让更多人看到。如果你未来还能写，还能持续写，我们就不要在意眼前的这些。

　　我当时问她：你觉得我还写得出东西吗？

　　那年我 30 岁，从进大一开始写东西已经写到了 30 岁，出了好几本书了，也没什么销量。虽然我知道写作对我来说很重要，我也不靠它来改变自己的人生。

　　但也会忍不住受到周围看法的影响：你都写到 30 岁了，一点儿影响力都没有，你要不要思考一下你在这条路上就是没有天赋的，你把写作的时间拿去工作，是不是会更好？

北宜说：你写东西是因为你喜欢，而不是别人要求。

我想：行吧，只要还能写，就还有被人看见的机会。

那个对话，我记得特别清楚，就像我黎明前的黑夜，正打算一条路走到黑的时候，发现天开始亮了。

我突然很想用 44 岁的身份来回答同样的问题。

### ① 44 岁时，你最大的梦想是什么？

我很想写一本书，把自己全部掏空，写完之后觉得自己再也写不出任何东西了——这个愿望很难，因为人到了一定的年纪，无论是工作还是社会，都很难让一个人心无旁骛地去投入做一件事了。不仅要自己争取机会，更重要的是自己要能对得起争取到的机会。

### ② 44 岁时，你的状态是什么样子？

此刻的我心平气和，不关注别人在做什么，只清楚自己想要去做什么，并且调动了所有的积极性每一天去完成自己的目标。

### ③ 你觉得 44 岁时，一个人必须尝试的一件事是什么？

这些年我逐渐发现，只要我去做了一件自己从未尝试过，但愿意陪自己完成的事情，我都觉得自己挺棒的。所以没有一个人必须要尝试的某件事，只要你还愿意陪着自己去了解未知的自己,你就依然对自己的人生充满了好奇心。而不是听之任之,觉得人生已经在走下坡路了。

### ④你对自己目前的状态满意吗?

我对自己的状态挺满意的。经历了前几年的人生低谷,我调整了外界对自己的期待,也调整了自己对外界的期待,我每天都能投入在自己的事情里,将每一天都过得很有细节,不再像过去一天一眨眼就过去了。总之很充实就对了。

### ⑤你是否觉得生活越来越充满压力?你如何面对压力?

好像大家都过得很有压力,如此一来,好像压力也就减轻了许多(笑)。

我北漂二十二年了,好像每一年都是在压力中度过的,与其说我是如何面对压力的,不如说我终于学会了如何面对自己。我将自己能干的、能干好的都干好,干不好的就放掉,不再去做无谓的抗争。

### ⑥爱情、事业、友情、娱乐,你如何排序?

娱乐第一,指的是对世界的好奇心,《等一切风平浪静》里我写了。爱情第二,无条件地信任对方是走向未来的必经之路。友情第三,现阶段的友情和之前认为的友情已经有了很大的不同,刚进入社会那会儿,错把一切因利益而聚在一起的关系都统称为友情,现在不会了。那时觉得能在自己爬墙时拉一把的才算好朋友，现在觉得能在自己跌下去的时候托自己一把更重要。事业排第四吧，都这个年纪了，能干啥不能干啥都很清楚了，能把自己那一小摊子事干明白了，就不会过得太差。

### ⑦如果让你用一种动物形容自己，你觉得什么比较合适，为什么？

依然是狗，很贱很贱，但很有自我追求的狗。

### ⑧如果时光可以倒流，你还会给自己规划另外一种人生吗？那是什么样的人生？

不会规划另一种人生，我这辈子的人生挺好的，苦也好，难也好，乐也好，我一直在挣扎中往前走。但好在一直在往前走，别的规划一样要经过这个过程，所以我现在挺好的。

### ⑨在你成长过程中感觉走得最关键的一步是什么？

我很敏感，我对于自己坚信的东西特别坚持，这种坚持我很难形容具体是什么，但总之就是我能感受到那种不太一样的情绪，并捕捉到，在心里告诉自己：你这么做，可以做下去。

哪里变了呢？

25岁时我还在相信未知的世界，但到了44岁，我现在只相信自己。只是25岁时，我并不知道那个未知的世界就是自己。

# 能鼓励你的人只有自己

2006/4/19

嘿。嘿。嘿。

穿着铁灰色 T 恤的你隔着阳光对我说。明明就有一道栅栏，呈铁灰色。

你说我的优点就是视而不见。那也是我的缺点。

如何才能独自撑起一整片天空呢？曾经更为弱小的我问自己。

如何才能找到属于自己的路呢？我曾经坐在铁灰色 T 恤少年的单车后座上越过了大片田野，独立思考问题。可是我现在居然忘记了他的名字，那个让我思考人生大半个夏天的同学。

现在的我越来越不善于表达，就像大学里受的委屈都记录在了文字里，毕业两年的感受都放在了工作里。

今天有人问我，和好朋友爱上同一个人算不算是一种默契？

多年前的问题居然还没有人忘记。好朋友都已经不是好朋友了，默契也早就成了枯骨，埋葬了百年回忆。就好像我居然忘记了你叫什么名字。只有时间、地点、人物刻在过去某一段时空里。

那之后的两天,我和同学在湘江大道边拍照,经过同样的大片田野时,我想起单车后座的颠簸,到底是我和你,还是我和自己?

大学时,我把时间过成两段。有一段,没一段。有一段是拿来回忆的,没一段是拿来忘记的。那个在新民路的自己,穿着帆布鞋,顶着大太阳,住到阴暗的底层,自己给自己做香肠饭,深夜3点的那个男孩期盼一顿饭的单纯早已断在天涯。

现在大学同学早已各奔东西,以前的好兄弟各自努力。偶尔听到谁的消息,也会放在嘴皮上恶毒咒骂一番。他也会饥渴,她也会绝情,他开始会喝酒,她开始会调情。每人一杯三两的白酒,一饮而尽,两杯下肚忘了是谁出的主意。站在积水的五一大道上,巴士来来去去,飞机早已在午间划过天际,稍稍带些夜间的凉意。

就像如今,我无比怀念河西的师大,似乎只有站进去,生命才得以充盈。我和术、瑾找着机会回去,哪怕只是坐着202路公交车擦边而过,也像是靠着心脏安然入睡。我们走在木兰路上说的那些笑话,我还记得。咒骂的那些人,我也清楚。听过的那些歌,还保存在 iPod 里。只是空气里夹杂了太多人的回忆,渐渐地难以从中提取。

现在我们越走越远,越孤单越害怕,偶尔对称的笑容也会幸福很久。

我们都说要做有追求的人,最后往往发现周围只剩下了自己。Only human.（只有人类）。

播放器里的"Only Human"是《一公升的眼泪》中的插曲，听不懂日语的自己只能体会到这样的感受。Jassie给了歌词，才发现和自己写的并不相同。这之前，我犯了一个错误，能不能弥补，现在来看都不太重要了，想起的时候总有自责。不过也好，看着你总算微笑起来，自信满满起来，渐渐成功起来，我总算明白的是，花了二十几年总算明白的是，没有什么事情是非得别人和你一起做不可的，总有身陷绝境的时刻，能鼓励你的人也只有自己。

听说在那悲伤的彼岸，有着微笑的存在。

究竟好不容易到达的前方，有什么在等着我。

不是为了逃避，而是为了追寻梦想。

旅行已然开始，在遥远夏天的那一日。

如果连明天都能看见，那么也便不会再叹息。

## 写在后面　　　　　　　　　　　　　2012/10/7

"我总算明白的是，花了二十几年总算明白的是，没有什么事情是非得别人和你一起做不可的，总有身陷绝境的时刻，能鼓励你的人也只有自己。"这句话至今仍是正确的判断。任何事情，不要将希望寄托在别人身上，无论是情感还是工作，否则唯一的结果便是措手不及，安全感只能自己给自己。

## 写在后面的后面　　　　　　　　　2025/4/16

虽然不是特别明白自己当时是在何种情绪下写了这篇文字，但我很喜欢文字里的感觉。很随意，很放肆。

写的时候并没有观众，就像一个人走着走着听到一首好听的歌而快乐到小跑起来。

这是我小跑之后写下来的文字，这样的文字应该在这本书里有不少。

乍一看，挺矫情。实则是完全没有伪装的自己。

大夏天，盖着被子吹风扇，也有一样的快乐。

# 不发言谁也不知道谁丢脸

**2006/4/26**

有一次长途旅行坐的是卧铺。旅途漫漫，除了看书、听歌，最好的消遣方式就是看人。

一列火车上有很多人，每个人都带着疲惫的神情以及不为人知的背景，聊得投机或许一刻钟之内就知道了对方的秘密。也许你到了自己的那一站，还对周围的人一无所知。

了解与否并不重要，重要的是你是否认真观察过一些东西。

故事发生了很久，有三年多了，今日才突然想起来，是因为最近很多事情让我感触颇多，面对种种无言，突然想起了这个故事。

我对面的下铺，坐了一个妇人，30岁出头，穿了一套运动装，躺在卧铺上一动不动。

刚开始没有注意，后来渐渐发现，她每隔十几秒，身体就会不自觉地抽搐，然后她就顺势做着掩饰尴尬的动作，比如手突然抽了一下，她会顺势用手背擦汗。

渐渐地，所有人都发现了这一现象，而她依然在努力克制自己神经的不自觉抽搐，同时努力用意识掩盖自身的缺陷。所有人，包括我，虽然不再看她，但心里却一直在想，她究竟是怎么了？猎奇心理越发严重。

列车在夕阳中跑入隧道，进入夜晚。对面的妇人早早入睡，但仍止不住身体的痉挛，更为严重的是，她躺下之后的抽搐使得气管也发出尖厉的声音。

一个晚上在半梦半醒中过去。

第二天一早，对面的妇人已经醒来，同样的症状并没有得到缓解，这时从车厢另一头走过来一个推销员开始推销自己的产品。本来觉得无所谓，后来突然想到，如果推销员向对面的妇人推销的话会怎样。

似乎人人都有感觉，气氛也变得紧张。

一抬头，推销员果然坐到了妇人对面，我也开始紧张起来。

紧张的原因不是怕妇人把推销员吓到，而是怕她克制不住自己的抽搐而伤了自尊。从她不停的自我掩饰里看得出她是一个自尊心极强的人。

3秒，5秒，8秒，10秒。推销员一句一句地说，我担心她不能控制住自己，心里也在倒计时。

15秒过去了，30秒，60秒过去了，第一次发觉时间竟过得这样慢……

妇人一言不发。推销员觉得无趣,起身走向另一节车厢。

推销员刚走开五米,妇人又开始控制不住地抽搐,她的手依然在空中画了一个圈,继续擦拭没有汗的脸……

## 写在后面　　　　　　　　　　　2012/7/31

每当扛不下去的时候,我都会想一遍这个故事。那天,在她扛过推销员的两分钟后,我应该是哭了,也不知道为何,总觉得自尊的伟大,其实更应该是人性的胜利。我不知道有多少双眼睛看着她,也不知道多少人和我有类似的想法。所以至今,我仍很爱乘火车的卧铺,靠在枕头上看书,沉沉睡去,听铁轨一层又一层地荡漾,在记忆中昏暗地穿行。如果我爱谁,我们一定会乘火车去很远的地方,一路都是风景,包括思考时呈现出来的风景。

## 写在后面的后面　　　　　　2025/4/17

二十三年后，我才读懂那节车厢里真正的较量——不是妇人与抽动症的对抗，而是全车厢在参与一场关于"正常"的共谋。

当年以为她在孤独地捍卫尊严，如今明白，我们这些"正常人"才是真正的演员——用余光观察却假装没看见，将沉默伪装成体贴。她的抽搐也是一面镜子，照见所有人对"失控"的恐惧——我们怕的不是她的病，而是自己某天也会被"不得体"划出伤痕。

那位推销员恐怕早已忘记这趟列车，但被他无意间成全的尊严课，这些年一直在暗处教育着我。

# 走远了，一心想回去

**2006/7/1**

假装你还在我身边。也许冷风就要来临。

身边的人来来去去，朋友也交往得陆陆续续。

乘飞机离去，大雨立刻来临，站在城市中央，看闪电划破长空，一群人在某个临界点分离，拥抱抽泣。

于是，我也很想哭。

以前总为某一件事而哭，太累了，太痛了，太难过了。现在为了想哭而哭，看他们在哭，哭什么呢？

其实只有没有内容的拥抱才让人感叹，我和你抱紧，越是紧，越是有共鸣，共鸣着生活里所有的承受，共鸣着感受里所有的交集。

其实，我没有完全想清楚，脑子里经常会出现一些画面：

夕阳下的山坡，寂静中有一点儿声音，却分辨不出来主体。遥远的地方有人的身形，但他绝对不认识你，你也不认识他。我走我的路，不知道明天我会做什么，也不知道自己以后做什么。心里绝对不是空虚的，而是饱满的，尚不会观察物体，也无理想成为哲学家。在山坡上继续走着，走过路边的几棵大树，顺手一摸感觉其粗糙，也只是粗糙了而已。

现在的我对这样的场景不止一次地怀念，想原路走一遍，江西的小镇和它的生活，我的童年似乎曾经真的经历过那些。没有企图心，只是重现，保持冷静，不知道是否可以重合多年前的自己。

人在时光里走着，总以为如果有一样的脚步、一样的场景、一样的心境，就会闪回多年前的那个画面，重新把人生过一遍。

以前，爷爷家门口就是一条直通山下的马路，一边是房屋，一边是草地，从上至下。

我常常从上一直走到下，然后再走上来。

现在已经想不起那时走的心情，只是很想再继续走一次，或许会遇见另一个自己。

当朋友从机场逃离北京时，我看到的是另一群自己。他们拥抱哭泣，我心有不甘却无法加入，脑子里全是苦涩。团子说开弓的箭不能回头，我终于可以理解已然向前却无法回头的感受。

现在心里越冷静，天色就越阴郁，我还想起家乡的阴天，人烟稀少，穿了大毛衣。那时无论穿多少，总还是有风可以灌进去，现在被自己保护得很好，一点儿寒战的征兆都没有，只有不寒而栗的念头。

走远了，还一心想回去。

## 写在后面　　　　　　　　　　2012/6/26

　　这是六年前的日志。

　　无论是小时候和外婆待过两年的江西大吉山，还是和奶奶待过两年的湖南郴州荷叶煤矿，至今都没有回去过。时间隔得越远，记忆就越是清楚。那种深刻的孤独式记忆，常常源于童年一个人的时刻，因为没有人对话，所以双眼试图把所有看到的都记录下来。田埂上的一朵花，路边的一棵草，三两只踉跄前进的蚂蚁，绕过了一捧土，爬过了一根折断的树枝，我看得到它们的前进，却不知道谁会知道我的前进。那种貌似深刻，实则幼稚透顶的思考，却让我的骨子里开始拥有了一股安静的力量。在喧闹时，能旁观；在冷静时，能思考；狼狈时，会克制；失败时，会自嘲。于我是一种假扮的天性，其实是种变相的自我保护。哪怕到了今天，我依然会偶尔放空，那不是空闲，而是自由。

## 写在后面的后面　　　　　　　　　　2025/4/17

去年和日志里那个逃离北京的朋友见了一面。

她说了很长一段话。

她说：那时你们就比我更不怕孤独，北京太大了，大到我觉得很恐惧，所以就逃回来了。就这样生活了二十多年，我不止一次地问自己现在的生活是自己希望的吗？一段失败的婚姻，一个很贴心的儿子，我像被两枚钢钉敲击在岩石上的挂钩，一枚已经腐朽，只能靠另一枚死死地支撑下去。有时候我想，干脆让我掉下去算了。我儿子总是问我：妈妈，你去过首都吗？那里大吗？我说那里很大，很棒，以后你要考那里的大学，去那里生活。可是明明我自己的人生就没有过好，也没过明白，我却在给他指出一条人生的路。这些话，憋在我心里好久好久了，我不知道和谁说，感觉我说出来会被周围的人笑话的，但你们不会。我的人生好像从我逃回来那一天开始就腐烂了，如果给我一次机会，我死也会留在北京，就算烂，也要烂在一个没人在意我的地方。北京让我看不到任何希望，但老家只有一个选择，就是结婚生子。

不过那时我并不清楚，现在看起来就是一条不归路，只是我太年轻，太怕孤独了。

那晚我不知道该说什么。

后来我在回程的高铁上盯着窗外看了很久。

我发现铁轨边的野草一丛丛向后倒去，像极了我们年轻时那些未完成的逃跑计划。

我现在想告诉你三件当晚没来得及说的事：

第一，所有关于"如果当初"的假设都是对自己的冷暴力。我们总想象平行时空里有个更勇敢的自己，却忘了那个"胆怯逃回老家"的姑娘，其实用尽全力接住了另一个更可怕的坠落——也许你彻底迷失在北京的沙尘暴里，连腐烂都无人见证，我们在偌大的北京已经走散了很多朋友，但我和你还在联系，就是好事情。

第二，你儿子问起首都时，你描述的那个"很大很棒"的北京，不是谎言，是你替他保留的可能性。这比你想象中的更珍贵——多少父母连给孩子造梦的力气都耗尽了。

第三，你钢钉的比喻让我整夜失眠。直到我想起自己前两年大量脱发，整夜无法入睡，医生给我开了药，说一定要睡着，睡着了才有精力不垮掉，我才突然懂了：你以为腐朽的那枚钉子，这二十多年来其实一直以粉末状支撑着你。婚姻会锈蚀，但当年那个怕孤独的姑娘做出的每个选择，都让今天的你能指着北京的方向对儿子说"去那里"——这话里藏着你自己都没发现的、惊人的生命力。

下次带孩子来北京吧。我会陪你们站在国贸的天桥上看晚高峰，你会看见成千上万人在这里忙忙碌碌来去匆匆，当年我们害怕的不是孤独，而是自由本身的重量。

# 不再委屈自己

2006/10/31

改脱口秀的时候，突然想了一句话，是晓华姐以前引用过的，当时印象特别深，于是又拿出来用。

爱情本来并不复杂，来来去去不过三个字，不是"我爱你""我恨你"，便是"算了吧""你好吗""对不起"。

是啊是啊，细想或许又不对，但在没有时间细想的情况下，对你我来说，爱情也许真的就是三个字可以解决的，关于情感，或者敏感，然后解释，百般推脱，再来形容，有那纠缠的过程早就蹚过无数爱和情了。

雨气氤氲的上海傍晚，露天的实木餐桌被雨淋了一天，在滴答滴答地滴水，跟着一起被淋的还有上海四季的植物，仿佛根茎里都会淋出颜色来。房屋里的烛光连五瓦的亮度都没有，泰式餐厅的神秘就在于此，哪怕再昏暗我仍然可以感觉到墙面以大绿大红雕琢出的壁画，浓郁的色彩不以形象出现，而是以意象。

爱情也是，常常不因事件的出现而横生变故，有时只是瞬间的感触，因为过于宝贵，过于珍稀，所以一触到阳光，噗地就消失了。不像一块猪肉那样风干渐变，变的过程就是有与没有。

这个年纪的身体似乎也停止了新陈代谢，表面的若无其事对身体也有十足影响。当年日书万字，现在每天只能写两千字。节目的收视率也随着天气转暖而日见起色，下午6点以后逗留在单位的人越来越少，都转化为收视率了。

有一种米做的发糕，是我3岁生活在江西时每天早上必吃的早点，二十二年没有邂逅了，最近在超市里找到，买来当零食吃。1.5元一块，混乱地堆在超市角落里，没有次序，于是一次买了十块，看说明书只能放三天，那就早、中、晚各一块。

遇见一个聒噪的男人，对任何事情都不能耐心地分析，而是大惊小怪地惊呼。对任何挫折都没有谦虚地反思，而是跋扈地不屑。从城市的东边一直到城市的西边，我不得不戴上自己的 MP3 应付与他之间疲于奔命的对话，但又不得不一次又一次地摘下耳塞应付他尖厉的尾音。我必须承认那是我读大学时用最短时间决定想扼杀的人。

当时我的精神状态已无法抑制，有时走着走着，会突然转过身，握紧双拳，然后皱紧眉头狠狠地对自己说一句"真想捏死他"，继而若无其事地继续与他并排行走。现在想起来，还觉得自己那时的举动真恶心。

## 写在后面　　　　　　　　　　　2012/7/31

现在的我已经不会委屈自己了,即使委屈,起码也是因为自己说服了自己。但我仍没有改变听歌的习惯,一张32G的存储卡保持每日更新曲目,同步iPhone(苹果手机)与iPad(平板电脑)。不想说话的时候,就听歌,一首接一首,轻易就能忘记时间。只是关于爱情的感受,仍没有改变。

## 写在后面的后面　　　　　　2025/4/17

我已经忘记聒噪男是谁了，很多人就这么"死"在了我们的某段记忆里。

看来，我确实学会了不再委屈自己。

而现在开车时也不用存储卡听歌了，先是手机的蓝牙就能连接车辆直接播放，后来车的智能系统升级后，能直接通过车的屏幕选择各种常用的音乐软件了。

一切都在变化，只有我还和从前一样，在人群中戴着耳机，不想和任何人聊天，也不想被任何人打扰。

26岁

那时的我认为

一些人存在的意义总归是让另一些人成长,然后消失。

无数个你组成了今天的我。无论在哪个城市的哪个街头,眨眼低眉举杯的恍惚间都有你的影子,感谢每个人的存在使得我们的生命有了不一样的意义。

生命的意义不在于人健壮时有多么辉煌,而是在她逐渐凋落时,有明白她的人在一旁静静地陪她待着,不言,不语,屏息中交换生命的本真,任凭四周的嘈杂与纠纷。

靠幽默与搞笑出道的人,不到功成名就的那一天也许永远都没有流泪的资格,只能重复着自己的过去,打着鸡血活出人的一生。

# 遇见另外一个自己

2007/2/28

有的话只能靠酒精的麻痹才能说，有的人也只能靠酒精的挥发才有自己，而有的情只能靠时间的短暂才能珍惜。

爱人不容易，恨人也不容易，需要时间处理，可是短暂的时间里，你是谁，叫什么，喜欢哪样的唇色，挑怎样的贴身花色，都是未知的答案，与其不明不白地相处过、热情过，最后连基本感恩的时间都没有，你会选择仇恨一辈子吗？你说："如果是你，你会吗？"

你这样充满期待地问我，我的回答是"不会"。我连爱的时间都不够，怎么会有时间去恨呢？

美丽最少年，美丽了年华，颓废了脸颊。坐在红酒杯的后面，看见你灿烂有如桃花，忽明忽暗的神采在春风里荡漾，明媚的胸花上绣满了你的资本，金色银色，都是最奢侈的色彩，靠青春承载，与资历无关，那是令人艳羡的生命。自知无法抗衡，于是埋头混迹于各种量贩式的KTV，点着一样的歌曲唱给自己听，最后心情沉重地在城市夜色里独自穿行。

人与人之间需要怎样的交流才能彼此洞彻呢？一幅幅幼年的照片，一张张小学的试卷，我说我曾经把8横过来写，写成了∞，我以为我明白就够了，在我的世界里，两个符号并无不同，可是事实证明却是不可以，血红的大叉，让我升初中的数学成绩与满分失之交臂。阅卷的老师是爸爸的朋友，他不解地问我为何要把写了近十年的8写成∞，看他期待的眼神我也不知道如何作答，因为我只是突然想这么做而已，也许做的不是时候罢了。

那是我人生中人为的失误，或是区别自己与他人的少数证据。"人海茫茫"这个词我不习惯用，但在寻找类似的共鸣时，我的内心是多么期待人海茫茫中还会有另外一个人和我有着一样的冒险，全然忘记分数的重要性，只记得人生有这样或那样的不平常。

看《落叶归根》，我看到的全是隐约的泪水，大片大片绝美风景中蕴藏着人生的无奈。老赵跟在小夏后面张开双手笑着奔跑，向往人生还未完成的目标，那才是最揪心的地方。

人的一生都是在寻找另一个人，另一个人就是另一个自己。你们是生活在不同地方却有同样经历的两个人。

也许他从来不会说"我爱你"，你也不会，但你们却走到了一起，因为你知道他也像知道自己一样，他一定会因此而爱上你。

## 写在后面　　　　　　　　2012/10/7

不过也只是上个月才明白的道理，相似的人可以一同欢愉，互补的人才适合相伴到老。孤独感，并不是靠"在一起"三个字就能解决的。孤独感或许与迷茫一样，始终会伴随人一生而存在。如果你一直保持着思考的状态，灵魂就始终在空间里飘移，不会存在固定，每一秒仅仅都是上一秒的固定。而某种状态的孤独，才会让我们每个人呈现出新鲜的自己，在茫茫人海中让人得以辨认。

## 写在后面的后面　　　　　　　　　　2025/4/17

26岁的时候，大概是很喜欢一个人待着静静地琢磨那些老生常谈的道理，突然就会发现这些道理，自己琢磨出来的意思和书里、纸面、别人嘴里的完全不一样。所以听别人讲道理这件事最大的意义，不是听道理本身是不是正确的，而是你与诉说人的性格、环境、遭遇是不是一致的。

道理无法拿过来直接用，但你得逼自己吃得下，再消化，再排泄，能留在身体里的才是你的。一天两天看不出来，三年两年才能看出一些变化。

有人问：你是明白了什么道理才成为今年的自己的？

我此刻的答案是：大量琢磨，把自己认为正确的，一点儿一点儿用在生活里，慢慢去测试出某个道理与自己的适配性。"明白很多道理"不是我们变得更好的路，"明白很多道理且愿意为它们去走很远的路"才是。

# 这一生，下一世

2007/8/2

江西的矿山巍峨而遥远，总有缓慢的矿车在山的脊梁上来回穿梭。站在外公家的院子里远远地看着，心里有说不出的异样。

江西的矿业曾经非常发达，矿工出身的外公做过当时的矿务书记。记得我4岁的时候和母亲回江西，下了火车总有外公的同事开着吉普车在外面等着。在发电报的那个时期，外公家早已经有了装蓄电池的话机，和现在唯一不同的是需要接线员帮忙转出去。在这样的环境下，不苟言笑的他给家里所有的人带来了无比的安全感。

外公家的晚饭时间大概是晚上7点，很多时候全家人都坐好了，外公还没有回来，于是小舅便会带着我去接外公，远远的五楼上外公正探头朝下看，看见我们便大声地挥手说："我忘记带钥匙了。"——他常常会忘记带钥匙，然后把自己锁在办公室里。

外公家有前院、后院，前院有大片大片的假山，后院有大片大片的植物盆景，小学时学到"昙花一现"这个成语时，全班同学似乎只有我一个人看过真正的昙花。我还记得当时外公非常骄傲地告诉我什么是昙花，然后命令全家人坐在一起等待昙花的开放，分享清香。

对于盆景，外公是极其热爱的，四处搜集，也会自己修剪，哼着小曲，自得其乐。

可我也像大多数小孩一样，对外婆依恋而对外公总是害怕的。

他经常会眉头紧锁坐着发呆，4岁的我根本就不清楚人生为何有那么多不愉快。外公、外婆一共生了两男四女，都对我宠得厉害，因为我是家里孙辈中的第一个小孩，所有人都把精力投到了我的身上。

大姨那时起就教我英文，我根本不懂，阴影贯穿了我此后的人生。二姨出很多题目给我，并把周围院子里的小孩组织起来进行考试，我常常是第一名。三姨不是外婆亲生的女儿，但是对我照顾得无微不至。小姨比我大不了多少，她的衣服都是专门找人定做的，早早就用上了蕾丝的花边，所以小时候每次我没衣服穿时，外婆都会从衣柜里拿出漂亮的、有蕾丝花边的外套给我换上，然后我开心地穿着出去逛荡被很多人围观，纷纷扯着我的衣服问是在哪里做的，料子真好，手工独到。

小时候就穿了蕾丝花边的我总被人误认为是女孩,所以现在我一看见蕾丝花边就想逃跑。

经济萧条下来,外公的眉头更为紧锁了。

5岁时,我被父母接回湖南开始了学习生涯,舅舅们去了广东,各自安家立业。外公、外婆退休被接到了广东安享晚年。

再后来,记忆逐渐模糊,有关外公的记忆只是皮肤上的刺痛,那是他少有几次用胡须刺我脸留下的感觉。外公寡言少语,懒于解释,只因为一切都在继续、在努力。

我大学毕业,外公的身体也虚弱起来。每次去看他,都不会忘记给他买最好的香蕉,那是他最爱吃的水果。当然,舅舅也说:你外公能够活到现在已经很不容易,当年他那些吸足了尘土的工友因为肺病相继离开,只有他还能够看到那么努力的我们和即将长大的你们,他已经很幸福了。

有一张照片是去年夏天回去和外公外婆的合影,恍惚之间,就回到了江西的那些年,树荫下的院子,假山里的泉水汩汩流动,配合着大树上的知了声,绿色氤氲到了整个院子。外公躺在后院的摇椅上,阳光洒在他的身上,经过的人蹑手蹑脚。那时的他没有想到,他养育的这些孩子原来可以长得这样茁壮和健康。

去成都出差的前一天,公司的中央空调开得没有节制,想起来和爸爸通了电话,提及几天前外公因高烧而住院。长时间沉默后,他第一次在我面前哭了出来。

就好像被摁进了水池里,无法呼吸,不能呼吸,我只是怔怔地立在那里,眼泪也哗哗地落下来。他说的话我一句也听不进去了,脑子"嗡嗡"作响。

"所以,其实追悼会也办得热闹。外公的一生以清白开始,光荣收尾。因为一切来得仓促,你离得远,工作也忙,所以外婆不让我们通知你。"

我能想象到外公最后的时刻,只有一位孙女在旁紧握着他的手,连他最爱的小舅舅也没有见到最后一面。想必他也很想很想最后见到所有人,看着在他庇护下变得健康的我们,走之前也没有那么留恋。

作为长外孙的我,没能见到他最后一面,也没能跪在他面前磕个响头,压抑了数天的情绪,也只能在其他弟弟妹妹得知了情况之后才能诉诸文字。

他曾经对我们的父母说:"你们都必须离开这个矿区,这里并不是你们的未来。"于是他的后半生都在为此而努力,让我们的父母各自生根发芽,一个个远离了他和外婆。我大学毕业后也很少与外公碰面,一年三次长假,也是匆匆地扒几口饭,和他大声聊天。他不知道我在北京的状况,只知道我在首都工作,也就变得很放心很放心,不需要聊什么,他总会有笑容堆在脸上。

那种皮肤上的刺痛感久久存留,只是,我仍不相信他已离开,如此平静。

但无论在哪里，他对我们的要求只有一个，努力并坚持。他一生的追求是全家几十个人的未来和幸福，眯上了眼，听到周围人的喧哗也觉得内心热闹起来。

外公的一生便是如此，他的未来也因为这世的成功而变得更为令人期待，可如果真有未来，我相信无论是我还是他们，都愿意未来仍然在他的庇护下继续成长、生活。

做永远的长外孙。谨以为念。

## 写在后面　　　　　　　　　　2012/10/7

现在每次去看外婆，都会进门敬三炷香，然后嘴里碎碎念着，和外公开玩笑，告诉他我们几个孩子过得很好，不要操心了。时间是最可怕的杀手，这不知是我第几次感叹了。如果当时的我没有记录下所有的种种，那一涌而上的回忆，早已经在这几年纷杂的环境中变得七零八碎，而现在，又哪有这样的心境认真书写出心里的每一个字呢？爸爸第一次在电话里哭，可见外公对他有多么好。我在公司的酒吧放声大哭，多少是因为能见却未见而后悔。这本书里的文字，现在对我而言，最大的意义就是能够送给所有我记录下的人，告诉他们，谢谢你们曾在我的生命中占据那么重要的位置。

## 写在后面的后面　　　　　　　　2025/4/17

爷爷奶奶和外婆这些年陆续都离开了，他们离开的时候，我没有哭，到现在仍是。我不止一次问过自己：是因为我和长辈的关系不好，所以我没哭吗？答案显然是否定的，我和他们的关系都很好。又或者是我太冷血了，不孝顺？我也不承认。我给自己的解释是他们依然很鲜活地活在我的记忆里，我完全没有意识到自己彻底失去了他们。当我把这些点滴一一写成故事放在了《等一切风平浪静》里，写的过程中眼泪不停掉下来，但这种泪也不是失去他们感觉到悲伤的眼泪，而是回忆往事觉得自己幸福的眼泪。

小时候我特别害怕自己失去他们，一想到长辈会陆续离开我，我就会一把抱住他们，然后哇哇大哭。外婆当时笑着说：外婆总是会走的，但是外婆也会一直陪着你的啊。

后来我从江西回到湖南，一个人去了长沙，北京。

慢慢地，我好像不再依恋任何人，也好像学会了一种"把自己过得很好"的状态，这样家里的他们不会为我感到担心。

也许打败恐惧死亡最好的方法就是，就算老天将我们最视若珍宝的他们给拿了回去，我们依然能过得很好，让离开的他们不必担心，就好像他们从未离开过一样。

# 纵使记忆抹不去

2007/8/16

过了很长时间,我才发现自己的记忆力并不好,常常经过某些地方时想起某些情愫,大而空,只能用色彩描述。

比如,"那一大片灰色的天气……总之就是很感人"。比如,"下自习后,天空的黑色就像水墨……总之就是很让人难过"。比如,"那个时候的阳光很透明……总之就是很让人放松"。

没有细节的叙述,有时候会让自己也陷入迷茫状态中。

在自己的日志中也很少会出现:连着几年的同一天,我在某某地点,某某天气,遇见了某某人,某某人说了某某话,某某人给了我拥抱,某某人让我觉得原来生活可以这样天翻地覆……

从来就不会有。

我是一个傻乐兼没心没肺的人——跟很多很多的有心人比起来。

朋友的妈妈来了北京,这才勾起我对在北京这几年细细碎碎生活的回忆。在花家怡园吃的一顿饭,玉米汁的浓香,朋友妈妈爽朗的笑声让我一下就凝固了起来，如近水闲花阶前静柳，自有一副难得的安稳。

我从不以为自己有多苦，那些难过的事情都没什么，一切都还顺利，一切都还惬意。直到朋友帮我一点点地回忆，我才想起——原来只是我强迫自己忘记了一些不快乐的事情而已。

他说："当时你是我们所有人当中最辛苦的一个。我们都有自己的归宿，有自己可掌控的工作，只有你一个人在其他地方，没有人合作，没有人帮忙，一个人面对陌生的环境、陌生的人。

"那时候你每天的工作便是早上9点30分到公司，然后在座位上坐十几个小时，就是为当时的节目写几个笑话。

"你常常是琢磨了很久之后，跑到我们面前绘声绘色地说给我们听。

"如果我们笑了，你就会松一口气，形成文字拿出去给主持人说。

"如果我们没有笑，你会很丧气地拿着稿纸回到座位上继续写你的笑话……"

我写笑话的生涯。好像我是有这么一段写笑话的生涯。

为了不被制片人责骂，我每天花大量的功夫在写段子上，偌大的组里，只有我一个人，自己写给自己看，自己写出来先笑给自己看。小明也好，小红也罢，问什么是人生，回答人参是一种草药，比当归大条很多；写一个包子出去郊游，实在饿得不行，就把自己吃掉的故事；写某某明星换了造型被说成风筝头，后来他真的飞了起来……所以看《08麻花》那个长了个屁股脑袋的镇长反复说不好那个风筝头的笑话时，周围人都是笑着的，只有我一个人是同情他的，我很明白那种尽力想说好笑的笑话而说不出来，想写好笑话而写不出来的绝望心情。

当年的我把文档里的文字写了删，又写又删，笑了不笑了，笑了不笑了，全凭对面审稿人的一个神色。

只能防御性地屏蔽掉，屏蔽掉。

朋友看我有一点点伤感，顿住，什么都没有再说。

"谢谢啊！"这是我说的。

"不用了。"他说。

"谢谢"是因为他让我找到了属于自己的一段回忆，很多人的人生过往转头成空，辜负了一大片红粉朱楼春色阑的风景，都是点滴，都是生命。

"不用谢"是因为有时候朋友的作用就是帮你保存记忆。

朋友说：要谢就谢谢他。他对妈妈说了几段就表演了几段，将我们在北京的几年重新演绎了一遍。所以他又想起了他问我借过给妈妈烧水喝的水壶，记得他妈妈给我带的临武鸭，记得我累得要死又装出无动于衷的表情。

唯一的感触是，人和人的关系，不管过程中有任何不可弥补和不可原谅，其实站在终点看它也并不影响整个人生。

我掏出手机给朋友看，里面有一段视频，是当初我们聚会时用一卷卫生纸倒腾出来的一台灯火辉煌的晚会，里面有很多即兴的节目，相信是当时在场的所有人一辈子再也没法看到的节目了吧。

朋友看到这一段很惊喜，我说这是同事录下来的，三年了，一直保存在手机里，一直提醒着我，所谓鼎盛的快乐是什么。后来这些人里有的成为大型选秀节目的总导演，有的成为电视圈的制作人，有的成了作家，有的成了艺人经纪人，有的成了周刊的专题评论员，有的成了艺人。分开后，每个人都按照自己的生活轨迹运行着，只是相遇的时间越来越少。

朋友淡淡地说了一句：我们再也回不去了。

我说：你看，没有记忆的人还保留着视频，没有视频的人还保留着记忆，我们都在传播着这种难得和珍惜。所以一切只是时间而已。

在收尾处戛然而止，想说的是，丢了任何东西，都不能丢了记忆，坏的好的，都是财富。

## 写在后面　　　　　　　　　　2018/7/12

谁也想不到，刚开始北漂每天为别人写脱口秀的我，后来也开始给自己写脱口秀了，还找到另一位同事在帮自己写。谁也想不到，那时无聊幼稚时玩的游戏，现在已经不会玩了。不是游戏无聊，而是现在已经不太会无聊了，每时每刻仿佛都很认真。总之，很多事情，谁也想不到，包括你自己。

所以不要因为当下的苦而评判自己未来会糟糕，毕竟，只要你坚持活下去，很多事情连你自己都想不到。

## 写在后面的后面　　　　　　2025/4/17

昨天剪头发的时候，发型师说谁谁谁也来他这里剪头发了，他说他是谁的经纪人。我说：我知道，就是我介绍他去做那位艺人的经纪人的。发型师很惊讶，说：那你认识谁谁谁吗？她也说她认识你，她是某某某的经纪人。我说：我也认识，她成为某某某的经纪人也是我介绍的。发型师更惊讶了：你还真是老前辈呢。

我不是老前辈，而是那时我们刚来北京的时候，有一大群朋友，每天下班后或周末都会见面。而我是最喜欢折腾的那个，谁需要帮助，我就把身边有才华的朋友相互介绍，让他们配对合作。

后来吧，慢慢地，一群人当中有一两位闹了矛盾，大家就渐渐地都远了。

所以吧，如果此刻你身边有一大群好朋友，每天都很快乐，那就多拍一些视频，多记录一些文字，你们都会越来越好的，也一定会越走越远的。

没有什么是永远的，但回忆肯定是。

# 即使不能扬名立万

**2007/8/26**

"他继续给别人上音乐课，直到去世，从未试图过扬名立万，他所做的一切都成了他的秘密。"这是放在电脑里两年的影片《放牛班的春天》中的最后一段话。

一些人存在的意义总归是让另一些人成长，然后消失。

无数个你组成了今天的我。无论在哪个城市的哪个街头，眨眼低眉举杯的恍惚间都有你的影子，感谢每个人的存在使得我们的生命有了不一样的意义。

那些第一次被发现，第一次被体谅，第一次学会感激，第一次微笑背后都有你的努力。以后人生的路还有很长很长，即使不能扬名立万，能够继续有勇气地走下去，也是因为在我生命中从未张扬过的每个你。

## 写在后面　　　　　　　　2012/10/7

有一些电影、一些台词,因为让人温暖,而让自己在现实中努力靠近。这些电影让自己变得温暖又敏感,尽量善良,尽量靠近。

## 写在后面的后面                     2025/4/23

26岁第一次看《放牛班的春天》，被感动得一塌糊涂。几乎有一整年，我的耳机里都是电影的原声曲目，很想能在现场听一次。

44岁时，我发现圣马可童声合唱团正在国内的城市巡回表演，第一时间就订了票，坐在剧院，当《放牛班的春天》主题曲第一声被唱响时，26岁的眼泪毫无征兆地流了出来。

44岁的我陪着26岁的自己看完了这场表演，走出大剧院时，我心情舒畅，那时的我一直很担心自己的未来，担心以后的自己会不会过得不好。

其实过得好不好是其次，重要的是我想告诉26岁的自己：这么多年，我们都把过去的自己照顾得很好。童年时喜欢的念念不忘的东西，少年时留下遗憾的事情，大学时没有尽情尝试的感受，20多岁面对的那些无能为力的现实，之后的我们都在能力范围内去弥补了。

一个人过得好不好，可以看他们对自己好不好。

# 没有那么多因为所以

2007/9/13

有人似茉莉,以纯色孤立于天地间,但有震慑人的力量。那清香与芬芳捉摸不清的夏季午后,那份扫尘般随意的动作成了后几年闭上眼就会出现的画面。

你说并不是每个人都适合用茉莉来形容,那是娇嫩而易于凋谢的生命。如有的书签可以用来收藏,有的书签可以用来夹行,而茉莉花瓣……想了许久,你说,还是适合放入记忆典藏,有午后的花香,有色彩的彷徨,有青春的迷茫,对了,多年后也许你会因为一曲"Jasmine"(《茉莉》)而想到我的脸庞。

我们接触与交往没有超过一个月便在年少轻狂中结束,你经不起摧残,而我也受不了怠慢。你是多好的孩子,每件衣物都一一挂在橱柜里,沾满了阳光和消毒水的味道。窗台有文竹和茉莉,清晨起来便有绿色的雾水气息。你还喜欢听王菲的歌曲,在嘈杂的酒吧里雀跃地给我打电话:"听说王菲要开演唱会了,你陪我一同去吧?"

"你说什么?"
"我说王菲要开演唱会了,你陪我一同去吧?"
"你那边太闹了,你说什么呢?"
"王菲演唱会一起去吧?"
"谁的演唱会?"
"算了……"
"哦……"

后来我也知道,很多事情不能像反刍一样进行探讨,否则就会诸事完蛋。

为什么事情总得坚守个因为什么,然后什么,把来龙去脉问得一清二楚。

我也总算开始问自己,这么做的目的究竟是什么?

你第一次朝我洋溢起微笑不为什么,不为那天我很帅气,不为那天我很干净,不为那天我抱了从图书馆借来的厚厚传记,不为我走路不小心撞到了你——这些都是我以为的"因为",如果没有这些"因为",那时的我不知道如何继续之后的"所以",比如"所以我们后来在一起……"。你笑只是因为你想起了你小时候撞到别人的画面而已,我慌张地道歉,迅速地消失,你甚至都没有分清楚我是男是女。

你最后一次对我说：你走吧。我回头问：为什么？

也是后来才明白，哪有那么多为什么，只是因为已是夜里 11 点，谁都应该回去了。那时的我也不明白，又以为是无数因为之后的所以，所以……我走了就再也没有回去过。

因为种种种种，我在网上突然听到这首"Jasmine"，想起我曾经那些不堪回首的点滴，执着于当时的义气，也庆幸现在不再拘泥于那么多的因为所以。歌非常适合你，歌手也是我喜爱的熊天平。

遗忘需要多久的时间

几月几年还是永远

幸福会不会重演

让我再看你一眼

远处教堂传来的钟声

声声敲醒记忆的门

第一次牵手的冰店

甜甜的滋味还心甜

Jasmine

静静陪着红砖墙

映着我们的涂鸦

怕时间会遗忘啊

叫我永远永难忘

Jasmine

呼吸中久违的清香

像你的名字一样

吹着那淡淡芬芳

叫我永远永难忘

一辈子惦在心上

惦在心上

你就是满天星光

月色盈满了眼眶

把你的歌声轻轻地唱

随着海洋送到你的地方

## 写在后面　　　　　　　　　　2012/10/7

　　所有的青涩都是最美的，最后的遗憾都是印象最深的，后来号码换了，再也找不到那个人了。其实有一次在酒吧见到，但早已不是记忆中的那个样子，于是没有鼓起勇气打招呼。每个人都在变化，却不似当年那般纯色了。和记忆中的人恋爱，永远不会失恋吧？

## 写在后面的后面　　　　　　　　2025/4/23

重读以上的文字，才发现其中隐藏另一部分话语。

那时哪有钱听演唱会？那时王菲的演唱会一票难求，如果真的要两个人去外地看，去买高价的黄牛，又要过多久吃泡面的日子才能翻身呢？

青春期的我不是一个好对象，活得战战兢兢，总会因为对方一个本身合理，但我负担不起的理由而假装听不懂。

此刻的我能理解为何两个相遇甚欢的年轻人会走不下去，我是缩衣节食的人，看不到未来的情况下，绝不会只顾眼前。而更为潇洒的人，总是可以为了当下突发的念头不顾一切。我不知道对方最后看成了王菲的演唱会没，也不知道是谁陪着一起去的，我只想知道一张票多少钱，路上花费了多少钱，钱是从何而来，又花了多久补上的。

不知道对方是否还在听王菲，而我确实还在听熊天平。

# 人生的一碗面

2007/10/9

回家第一天是表弟考上大学的庆功宴，站在他旁边，看他从一个街头的篮球少年老老实实安静长成一个大学生。穿的还是往常的街头服装，只是别有用心又小心翼翼地在外面套了一件米白的马甲，上面缀了一朵胸花以示重视。

他母亲看了很好笑。我只是在一旁默默地看着，看他递烟，看他发口香糖，面对陌生的长辈局促的样子。怎么想象得出他一个月长时间地旷课，一个星期便穿坏一双耐克牌篮球鞋，一天也不愿好好看书的过去。

爷爷奶奶从姑爹的车上下来，颤颤巍巍，几乎让人看不出精神状态，离我上一次见到他们，似乎已经有了很长很长一段时间。

我走过去扶他们，他们从我身边经过没有任何反应。我愣生生喊了一句奶奶，她也只是看了我一眼。

在旁人的提醒之下，她才恍然大悟，面前的我是她的长孙。

她非常歉意地握着我的手,说我变胖了,头发剪短了,连说话语气都变得跟以往不同了。

上次见面只是在半年前,半年,我的变化不足以陌生;半年,她的变化却让我感到莫名恐惧。

那是有感知地面对至亲因为生命逐渐衰落而暂时遗忘世事的现实。

味觉是最易存留在内心的东西。

去年春节,奶奶一动不动地坐在沙发上,看着她看不清楚的电视,听着她听不清楚的声音,与旁边喧哗嬉闹的家族其他人硬生生地隔离成两个世界。突然想起她曾经给我做的面,里面放了无数的小料。那是只有她才知道的小料,我每年回家都会吃上好几碗。其他人在吃大鱼大肉时,只有我会要求奶奶给我做一碗简单的面,然后过一个满足的除夕。

那一刻,她静静地坐在那儿,我突然对她说,我想吃一碗面。于是她站起来,摸摸索索走到了厨房,开始为了我,重新做起那碗味道永远不会变的面。

我静静地站在一旁,无心地按动着相机的快门。我知道,或许她每一个动作都有可能是她给我做面的最后一次动作。我不知道那天之后,我是否还可以再吃到她给我做的放了油渣、蒜姜小料的面。

也许,在这个世界上,除了我关心这个问题之外,不会再有人关心是否世界上还有同样味道的面。奶奶不会，父母不会，至亲不会。至于我的表弟表妹们，他们已经可以在麦当劳、肯德基里安排他们的除夕晚餐了，永远也不会知道奶奶原来可以做出那么好吃的面。

一碗面的历史，长达十几年，全部扎根在了一个人的记忆里，略显寂寞。

热气腾腾的清面汤水，油腻黑厚的窗台尘埃，映着奶奶那张已分不出是怅然若失或欢喜满心的脸，内心有了重重的失落。就像小时候，在夕阳遍野的下午，第一次考虑到死亡时的枉然。

再翻出九个月前的相片，说不出是庆幸还是难过，但总归是有了一个回忆的由头，有一处私人的纪念得以保留。

奶奶已经很难认出我了。这是事实。

外公离开的时候，我在几千里之外的北京，一个人独处时号啕大哭。

对于离开，我仍不似大人般可以对自己宽慰。

对于奶奶生命的逐渐缓慢消失，我突然在飞机落地那一刻，在《素年锦时》这本书里找到了打破胸腔、长久以来内心呼喊出的回应。

生命的意义不在于人健壮时有多么辉煌，而是在她逐渐凋落时，有明白她的人在一旁静静地陪她待着，不言，不语，屏息中交换生命的本真，任凭四周的嘈杂与纠纷。

陪着她一直下去，静静地。

## 写在后面　　　　　　　　　2012/10/7

我又回到了奶奶的院子。我躲在橘子树和无花果树底下听歌。阳光当头，家里人在户外有的酿豆腐，有的择鸭毛。奶奶拿着扫帚来回清理垃圾。日光照射出一种似曾相识的感受，生命在温煦下一直蓬勃。好多年前，我也这么坐着，场景未变，唯一不同的是，爷爷不见了，奶奶也不记得我是谁了。好多事，当初抗拒，现在也能坦然接受了。奶奶已经不能给我下一碗面了。五年前记这篇日志的时候，我似乎已经预感到了这一天，我庆幸那一天，我给奶奶拍了一张照片。

临走时，我掐了掐她的脸，她笑了。她对这个动作印象深刻，全家只有我会对她做出这种忤逆的举动。回家的路上，我闭上眼睛，全是50岁的她用被子把我的身体裹严实往床上扔的场景，扔了一次又一次，全因为我喜欢。虽然这是我幼年时毫无来由的爱好，但奶奶却从不试图纠正我的莫名。在她看来，只要我喜欢的，就都是好的。

## 写在后面的后面　　　　　　　　2025/4/23

奶奶早些年走了，那确实是她为我做的最后一碗面，后来想吃就会拜托小姑帮我做一碗类似的。

表弟后来告诉我：哥，我最骄傲的事就是你花了一个月工资帮我买了一双限量版的耐克球鞋。

表弟大学毕业后就进了空军部队，待了十几年，转业又回到了老家。

我近几年回去，偶尔遇到表弟的同学，他们说表弟是他们见过最厉害的篮球后卫，原来他那双一直被同学羡慕的球鞋是我帮他买的。

表弟结婚了，生了两个孩子，在乡政府上班，我说下次回去看看他。

晚辈都在人生中自然而然地长大，奶奶一定会觉得，我们能一直按自己的方式活着，就是一件很了不起的事情吧。

○ 其实我们都在努力被看到。

# 27岁

## 那时的我认为

很多人类似当年的我，企图活在未来，企图花更少的时间过上更优质的生活。只是他们突然明白了：与其被人永远驯养，不如学着以后去驯养别人。

说到底，所有的理由还是不适合，本不是你生命中的那个人，就不要因此而让自己困扰了。

人总在寻找着自己一生的定位。

难以释怀是最不想遇见的境遇。

"活在自己的年龄里"是一件多么重要的事。

等待也是一种选择。

# 有钱没钱回家过年

2008/2/3

"总理都去郴州了,所以我们当然可以回去的。"

谭小姐和我一样都是郴州人。因为大雪封山,郴州已成为孤城逾十天,停电停水的,所以我和她也常常在回得去与回不去、要回去与不能回去之间使劲徘徊。

近日忙于春节要播出的节目,不停接到温暖的慰问,原来可以过年的地方还有很多……但是谭小姐就不开心了,她常常问自己和我的问题是:"为什么我们回不去呢?"

回答多了,后来我发现,没有答案的问题是个终极问题,有太多答案的问题同样是个终极问题。

比如谭小姐的问题:"为什么我们不能回去呢?"让我有生以来第一次用如此缜密的心思回答她的问题。

一、我们的春节节目还没有赶完,所以我们不能这么快回去。
二、春运期间,我们很难买到直接回郴州的火车票。

三、如果我们飞到长沙的话，首先我们不一定买得到机票，隔壁贺老师提前一个星期订票也只有除夕的票了；其次我们到了长沙还要转车到郴州，所以我们坐飞机不合适。

四、湖南下大雪，机场有可能到时候又关闭。

五、湖南各个城市之间的高速路还没有开放，到了长沙也回不去郴州。（随口又编了一个可怕的故事：我有同学在长沙堵了两个星期，要回郴州一直回不去，就是因为高速不通啊。）

六、到长沙也买不到火车票回郴州，因为那段火车也还没有开放，不然我们就有可能直接从北京买火车票到郴州了。

（谭小姐及时问道：那我们先去广州，然后从广州回郴州呢？）

七、我们别去广州，广州好几十万的人都等着咱们哪。看到咱们铁定会欢呼。

（谭小姐嘟囔：我们又不是总理，有啥好欢呼的。）

八、哪怕以上的条件全部成立，我们不回去的原因还有一个是，家里没电没水没积粮，回去只能添麻烦，多一个人就多浪费一点儿资源。

九、就算以上的问题都解决了，我们也不能保证初六就能从孤城里逃出来，不太可能买得到回北京的车票。进了一个大瓮……

写完之后一看，很凄凉的样子。

不过，我妈一直很兴奋地招呼我回去。

我爸放话说：只要你到湖南了，不管在哪儿，我都会把你接回来。

　　看在他们用如此积极的心态想把我骗回去的分儿上，我决定一定要回去。要闯过九道大关，将我和谭小姐2008年的第一大坎坷踏平。

　　加油！

## 写在后面　　　　　　　　　　　　　　2012/10/8

　　为了保险，那年我拜托了五个朋友帮我买火车票，在最后一天的时候，五个朋友都很靠谱地帮我订到了卧铺票。本来一张票都买不到的我，突然就变成了票贩子。但因此我也欣喜了一阵，本来拜托五个朋友就是怕有朋友是忽悠，最后的结论是，我才是一个大忽悠。

　　回到郴州，站在我爸的办公室里，本来满目的树林全被大雪压垮。家中没电，全家人围着蜡烛吃着年夜饭，过了一个难忘的年。

　　也不知道什么原因，每年我都要回去两到三次，反而对旅游没有什么热衷。回去也不过是去重复以前的生活，但就是觉得安心踏实。

　　如果有机会，我们一起回去。

## 写在后面的后面　　　　　　　　2025/4/23

2008年的大雪，记忆犹新。

可曾想到十几年后，老家也有了自己的机场，每天一班航班往返北京，四五个小时便能回家。

那会儿刻刻盼着过年，现在随时就能出发。

人在长大，时代也是，但掉落在生活缝隙里的尘埃还没来得及回味就被清扫得一干二净。谭小姐是我当年的同事，后来她实在想家就离职了，也就再没有了联系。

这种日常发生的浅浅的对话，反而比那种深刻的人生总结更让我有活着的感觉。

大雪那天，我去了爸爸的办公室，有个细节我忘了写。

我爸站在窗边，看着被大雪压垮的树木，眼眶里全是泪。我没问他为何，大概是觉得尴尬。但现在的我站在另一个角度似乎能理解当时的他了——落在我身上半生的雪花还未将我压倒，我确实值得为自己庆幸一下。哭，就是融化雪花，卸掉某种压力的过程吧。

# 他终于想起了他的初恋

2008/2/20

我认识他的时候，想必他都还未长大。一双清澈到底的眼睛，注定了他长到25岁还是喝不了一杯梅子清酒便醉。

那时也未想过他会坚持喝这种颜色的酒，会在所有人正在兴头上猜他的喜好时，便在做直播节目时不顾一切地说：为什么我会忘记了我的初恋呢？

他和我一样，和很多很多人一样。不同的是忘记了初恋的时间、初恋的对象、初恋的地点、初恋的性别，同样的是他们都忘记了自己的初恋。

人的记忆总会强迫自己忘记很多对身心不利的事情，生理无意识的保护机能比大脑清醒得多。

在笑吟吟地经历了半个冬季的明媚阳光后，他从大洋彼岸回来，花三个小时休整了作息之后，便约我到了工体，然后在半侧阴影半侧光的角落里，神情严肃地告诉我：我终于想起了我的初恋。

"我终于想起了我的初恋。这次回去,我的卧室从三楼搬到二楼,翻出了一大堆信笺,里面尽是我与初恋之间的对话,以及很多很多我写给初恋的单恋情绪,上面泪迹斑斑。我似乎记起初恋的那一年,好像还是大一。我从这地追到那地,从这城追到那城,撑着身体陪着他打了通宵的麻将,输了好几百元,听着莫文蔚的《是这样吗》,连高速路的售票员都不忍心,给我递面巾纸。

"再后来,我们在网上争吵,相互诋毁,撕破脸面。中途和初恋的好友搭上了感情,留下了少年的余味与幸灾乐祸的复仇。然后是没日没夜地酗酒,不分昼夜地睡觉,一年之间体重从110斤长到了140斤,个子也莫名其妙地从1.74米长到了1.78米,又经过了半年的游泳,体重回到120斤,其后又有经历又有爱恨,最终交叠在一起,忘了谁是谁的第一次。

"……看到一句话后,突然流泪。"

他从随身的包里掏出一张大学里流行过的劣质信纸,有重重的折痕,他居然那么认真地念出来:"他打那个哈欠就像一朵巨大的蓝色花朵,沉醉着就把人缠住。体温37℃,拥抱在一起也不过37℃,他于是止不住想,这就是我的爱吗……"

他不再朗读,沉默了很久突然说:"这是我的初恋,记忆完全被纸代替。"

酒吧突然换到熟悉的声线:我明白,太放不开你的爱,太熟悉你的关怀，分不开，想你算是安慰还是悲哀。

他继续说："我终于见到了他，脖子上有金色的项链，和四十几岁的老女人搂在一起，笑容还是那样。我们擦肩而过的时候，他看我的样子很迷茫，而我很淡然。"

## 写在后面　　　　　　　　　　　2012/7/31

　　他和他的故事，总比他和她的故事来得凛冽。我一直把小苏当成幼年的自己，豁得出去也挣得回来，带出去参加聚会，男男女女都喜欢他。他回国之后，待了不到三年，又出去了。他说他无法忍受中国男女如此肤浅又快速的暧昧，一个眼神还没弄清楚是喜欢还是厌恶，一双胳膊就圈了上来。他们也可以随意指着一张照片说我爱这个人，也会不洗澡便上床亲热，只因他们觉得开放就要尽情尽兴。在他看来，他所遇见的他们活着不是为了自己，全是为了特立独行。他给我发的邮件里，附了一张他的照片，头发已经留得很长，五官也越发好看，抱了一条长得和同喜很像的泰迪，一个人，住在公寓里。白天骑单车上班，晚上去学习百老汇歌剧，同时和两个人交往，内心平静而坦荡。

## 写在后面的后面　　　　　　　　　　2025/4/23

  我和小苏已经十多年没有联系过了，最后一次联系是他在邮件里说他生病了，很严重，不知道能不能挨过去。我没问什么病，也没说同情之语，他比任何人都知道他的选择，就算他不想将未来看得长远，他也知道随时会遇见生活的巨墙，拦住他进入下一阶段的人生。

  他曾经说：我就是一个这样的人，就为了眼前的这点事蝇营狗苟，乐此不疲，人人都说我及时行乐，迟早会出问题。我当然知道自己迟早会出问题，我没有将命运留在自己手里，我将命运交在世界手里，它想让我何时离场便是。

  我听得懂他在说什么，但不想再参与接下来的聊天。

  这样的孩子，后来我也见过，和小苏一模一样的性格，一模一样的眼神，像一株随时等待风起的风滚草，去哪儿都能扎根，完全不在意周遭。虽然我比他大不了两岁，心态却老得像一棵胡杨，有任何水分我都用来固地扎根。

  我当时给他回：锈了也挺好，至少证明没镀金。

  现在想想，或许该补一句：起风的时候，胡杨林里能听见一千种沙沙声——有的在告别，有的只是叶子在模仿告别。

  风滚草滚远了会枯，胡杨扎深了也会裂。唯一没变的，是这个世界依然擅长用一场大雨，冲掉所有来过的痕迹。

  上个月体检，医生说我肝上有个钙化点。他说没事，不需要治疗。

　　你的病和我一样不过是人生的一种锈——不致命，但永远擦不掉了。

# 关于人生很多疑惑的词

2008/3/3

**赎罪**

第一次听说《赎罪》是因为小涛。

有两句话在我的判断中是并列的。一为"当一个人敢用人格为另外一个人担保时,这两个人都是可以完全信任的"。二为"当一个人很真诚地为其他人推荐某件东西时,被推荐的东西一定是值得花时间的,哪怕也许最后你说了一句'有点儿无聊'"。

《赎罪》并不会让你说"有点儿无聊"。

"二战"的硝烟,年幼的过失,一生的追逐与等待,永不可能再实现的愿望。

朋友问我最大的感受是什么?

"应该是每个人都要看得起自己,不要以为自己无足轻重而放任自己做一些事、说一些话,其实你所做的任何事情都可能对你周围的人造成一生不可弥补的破坏。你呢?"

"当他得了败血症即将离开的时候想：如果能够再回到法国，他一定要穿上最漂亮、最干净的礼服和她一起在市内的公园里散步。我突然很想找个人穿上自己最好的衣服去坐城市里最高大的那个摩天轮。"朋友说。

## 人生

我的人生有点儿荒诞。

胡亚捷说王志文当年在学校里最喜欢玩闹，最喜欢逃课，是全班最淘的小孩。那时的王志文以为那样的他才是最舒服的他。后来毕业走上社会之后，他也渐渐放缓了下来，不苟言笑，精于事物，那样的他或许比学校里的他更为舒服。

人总在寻找着自己一生的定位。

初中时，我在所有人眼里都是可以被忽略的那个，任何没有人愿意做的事情，他们总会让我去做，你把我比喻成最没地位的那个也行，那时不流行"贱"这个词，如果有的话，我想我那时的位置甚至连用"贱"形容的资格都没有。

高中时，他们开始叫我"小表弟"。他们以及我给自己的定位是"小表弟"。说任何话都可以不负责任，肆无忌惮地挥霍，仗着父母的关系，在同学与老师眼里游刃有余。

后来，到了大学，我想我是不是该大度起来，于是我又变成了另外一个我。蒋友柏说人的一生有两个自我，一个策马奔腾的我，一个坐于车内不敢探头观望风景的我，两个人只有夜间才能交流。而人生最健康的状态则是第一个自我适当地允许第二个自我与外界交流。

而我常常在几个自我之间变换着角度,有时连自己也分不清楚哪个最舒服。

可无一例外的是,无论是哪个我,都很容易被感动。

一句简单的"生日快乐"。

一次聚会后简单的"我到家了,你也晚安"。

一个风凉的天气,你把你更大的外套与我交换。

一个因为我失败,你为我发出单调哀叹的音节。

一个喝酒之后对我的小叮嘱。

一个送我去车站的五分钟片段。

一个向我约稿并刊登的编辑。

一个简单到看不出所以然的生日礼物。

一篇有提到一次我名字的日志。

更不用提你为我做的任何一件小事。

直到今日,我也还是常常问自己:哪种自己才是真实的?工作的?单独的?集体里的?夸张的?低调的?大笑的?张扬的?搞笑的?严肃的?愤怒的?积极的?反抗的?

谁都无须给自己一个定位,包括自己。我还记得"耗子"在高二的时候问我(或许很多人都曾经问过我,只是那一次让我真正有意识认真地想这个问题罢了):你为什么永远都是这样?

我也问自己:我现在是哪样?我以后还会不会这样?

几年过去了，我还记得当时我发愣的表情，那时的脑子里根本就不可能想到今天的我会有这般觉悟。那时的我继续做着那时的我，那时的我也渐渐变成自以为有了安全感的今日的我。

其实，那时的我根本就是没有错的。我也庆幸那时的我有多么二，多么幼稚，多么无厘头，多么……不然哪有现在仍然××××（贬义词）的我，对一切都觉得"天哪，怎么这么好！"的我。

### 爱情

爱情就是妈妈带小孩，哄一下就乖了。关键在于谁当妈妈谁当小孩。但如果有人企图做爸爸，这关系迟早得崩。

### 信笺

e-mail 里堆积着一些未读的信。

收到一封来自湖南的手写信，夹在开会时用的笔记本里。时常会忘记。

和智勇在聊天时，看他日益忧虑的神色，想起高三时的自己。

那时的自己花了一整天的时间，将所有的困惑写在了白纸上，一个一个编号，一个一个写上逻辑关系。

终于发现原来所有的焦躁情绪都是因为某一两个原因引发的,只是因为重叠,已经分不清楚谁先谁后、谁缓谁急、谁轻谁重。

像所有的信。


**感情**

你转身,我下楼。

因为我们不是与生俱来的亲人,所以感情常常是这样。

我回头,你行走,我义无反顾地离开,你再回头。

我们都有留恋,只是留恋都错开了时间。

你和我都不知道而已。

除非决定要做亲人,才能够长久地在一起。

不然爱情总会像花朵。

花期过了就死,决绝干脆,其实也挺好。


**花朵**

对鲜花一直都没有什么抵抗力的我,以前是这样,以后也是这样。

当年身上有5元钱,宁愿不吃饭也要买雏菊放在宿舍里。

矫情是矫情了点儿,但架不住天长地久地矫情。

"天长地久"这个词真好。形容词的最高级。

## 写在后面　　　　　　　　　　2012/10/7

　　那个想穿上最帅气的衣服找到合适的人去坐摩天轮的朋友，外语学院毕业后，考了三年，终于考上了北京大学的研究生，在时尚集团做市场，后来转而投身话剧界，后来失去了联系。

　　小涛哥微笑着坐在一边，从认识他第一年就是这样的感觉，以后应该不怎么会变。智勇终于把留了多年的长发剪了，就像快刀斩乱麻地对待人生，很清爽。

　　现在看很多东西，已经不会像之前那样非得怔怔地看上一会儿，然后必须给它们一个注释才行，这样才能在下次遇见的时候，立刻知道它们对于自己的意义。

　　没有生小孩的日子里，我养了一条狗，它很像我。

## 写在后面的后面　　　　　　　　2025/4/23

曾经有一度想写出一百个自己人生当中的关键词，就像以前的日记这样，不用写太长，只要写一个自己的感受就行。词典上对每个词的解释是这个词本身的意义，我的解释是这个词对我的意义。

人生的每个阶段对每个词的定义都不大一样。

如今我最想写的词是：安静。

安静就是我不想去打扰别人，别人也不来打扰我，我在我的小世界里好好地把我想做的事情一一做好，哪怕做不好，我也不慌乱，第二天继续做便是。

给自己更长的时间，更多的耐心，相信自己在这样的状态下能做出自己喜欢的东西，就是最幸福的事情。

# 活在自己的年龄里

2008/4/20

狐狸对小王子说：你，驯养我吧。

于是这个世界上出现了很多很多的驯养，很多很多的被驯养，以及很多很多等待着的被驯养者和很少很少的驯养者。

看那么多的年轻人有极好的胃口和极好的青春，他们目光游离，伴有阵阵忧虑，聊起任何话题，你都看得到他那颗等待着被驯养的心。

他忘记了20岁的自己正是发芽壮大的时期，忘记了自己的不羁才是受瞩目的资本。他们抱有重重心事，等待着善良纯美仅仅拥有三座膝盖高的火山和一枝玫瑰，但被称为"王子"的小王子。这些都是背后的真理，年轻人不会明白，他们只理解什么叫驯养。

秋微姐曾经在节目里大言不惭地说："我问某个成功的男性朋友：'为什么我常常会在众多美女中脱颖而出？'他很认真地想了想对我说：'因为你一直活在你的年龄里。'"

"活在自己的年龄里"是一件多么重要的事。

很多人类似当年的我，企图活在未来，企图花更少的时间过上更优质的生活。只是他们突然明白了：与其被人永远驯养，不如学着以后去驯养别人。

于是过了些年，我们看到了更多优秀、成功、气质优雅、带有一丝善良且小邪恶的他们。

蔡康永的理解是：千万别在有胃口时养成了张口被动接受的习惯，最后当你发现这些并不是你喜欢的食物时，已经破坏了自己的好胃口。

那些希望每天挎着LV，穿着Prada，围着Paul Smith的小朋友彻底丧失在他们自以为的年轻岁月里，当越来越老的时候，他们依然带着这些漂亮的英文字母生老病死。

某个王子说：一条牛仔裤加一件白T恤，是我印象中最吸引人的狐狸样子。

鉴于我周围越来越多的小朋友事业未成便已走神，遂有了此感触。

每个周五结伴拿信用卡刷半价电影票的小朋友们，每个周末约好去798拍照的小朋友们，没钱也喜欢去商业街瞎逛的小朋友们，打不了高尔夫但可以在《帝国时代》里一决高低的小朋友们，做PPT可以做到天亮的小朋友们，经过客户公司送去一杯咖啡的小朋友们，在SOHO三十七楼跳跃着许愿的小朋友们，虽然你们现在没有更好的生活，没有更安逸的日子，但你们在过着你们的年龄，多爽！

## 写在后面　　　　　　　　2012/3/20

　　我都忘记这是多少年前写的文字,如果让我和那时的自己见面的话,我一定会拍着他的肩膀说:说得真好。当年的我就过着最后一段形容的生活,什么都没有,却有着年轻时最好的胃口,吃着年轻时最喜欢的食物,活在自己的年纪里,一秒都没有浪费,真爽!

## 写在后面的后面　　　　　　　　2025/4/24

　　那时的我怎么啥都写，哈哈哈哈，和我有什么关系吗？你管人家想干吗，等时间过去，自然就有答案了。非要站在一旁说：你们这样肯定不会有好结果的，不信你们等着看吧。我们的人生就没有交集，未来也不会再有联系，甚至连坐在一起讨论从前的可能性都是零，就在那么交错的一瞬间，我非要拉着人家说道理，我真的太喜欢管闲事啦。为了证明自己可能没那么讨厌，还有一个可能性就是我喜欢其中的某只狐狸，但狐狸并不喜欢我，觉得我达不到领养的标准，所以我就生气了，写下了这篇文字。

　　不然的话，我还真是多管闲事。

# 爱情存在的五种形式

2008/8/17

在香港很长的一段时间，J一天的空闲只够吃一顿饭。

衬衣还没有按公式一一熨开，搭档便在花园外催促着按喇叭。

还好，随便挂条领带，穿件J常爱买的品牌的衣服，总是会吸引到别人。不然以前也不会有女生做化学实验时因为看J走神而导致差点儿发生火灾。

和我对话的时候，J总是讪讪地笑，让我莫名地联想起黑夜当中迎风开放的樱花，那些柔和的艳羡不是白天能够观察到的。

最近和他聊天之后，我发现J喝水后，嘴唇总会轻轻地咂咂杯口，留下若有若无的唇痕印记。

做事情总是有始有终，打上一个自己知道的记号，就像当年J送给你的礼物上全都有他亲手系上的蝴蝶结。

银灰色休闲西装，挎了"味道极重"的黑色皮包，右手拿着你最喜欢喝的柠檬饮料，然后一直在地铁口等你，多少人向他投去友好的目光，一概忽略。面对炽热的太阳，连大海都无能为力，而过去的那些年，他这轮太阳全因你而燃烧。

只有看到你之后，才会将自己的心情刹那间绽放，胜过百年烟火。J如是说。

和你遇见是在几年前公寓下的电话超市里。

至于是多久，他记不准了。八年或者九年，对J而言都是"很久很久以前的事情了"。但是他说，每个细节他都记得，只是忘记了时间。生活是由细节组成的，而不是时间。

当时的你尚不知道如何使用电话卡，于是局促地站在门口，拿不准是进或是退。

有时候进一步是天堂，退一步是地狱。只是有时候，等待也是一种选择。

于是他算是领养了你，想起你的模样，现在的J说起来还觉得好笑得很。

干净的发梢，右耳郭上有颗小小的黑痣，牙齿轻轻地咬住嘴唇，瘦削的身体里进行了巨大的程序运算。

"同学，需要帮助吗？"那时的他还踩着赛车，潇洒地落到了你的身边。

两个人对视的那一刻，J那轮沉静多年的太阳开始为你而燃烧，只是以后的几年甚至至今，我们听到的种种传闻里，他也烧伤了许多人，可仍然那么多人向往，朝他进军。

天使的翅膀也抵不住热力，再往他的内心进一步，羽毛——成为灰烬。传说中，他也只为你一人降低过热度，37℃，足以温暖你，便好。

你对此从来只是说太阳就是太阳，只会让接近他的人受伤。我们提到你时，J问我：你说，太阳也会烫伤自己吗？

J学的是医学，医生也会生病吗？这两个问题实质是一样的。

你看了他一眼，仓皇而逃，坚定地说了句"谢谢"，然后鼓起勇气走了进去，留下自嘲的J。


他都记得。

他还记得第二次遇见你，你和你的同学们在一起，手里拿着刚买的柠檬汁，用手怎么都拧不开，便有女同学开玩笑，让你找个老公算了。

J又像神明般落在了你的身旁，他问：要不要帮忙？

那可是J，周围人正在猜测你和J的关系，又是何时认识的。

你还是用牙齿咬咬嘴唇，然后用手裹着T恤去拧瓶盖，脸色通红，迅速成功，然后扬起脸庞，露出微笑。

有抽象花纹的棉布T恤上，就这么硬生生地开了一朵皱褶的花朵，倔强，自我，宁愿自己受些小委屈，也不要麻烦别人。

你在房间里总是听周蕙的歌。
想念变成了一种体温，燃烧在凌晨3点零5分……
等着红灯的时候，等雨停的咖啡店……
别假装我对你还有多重要，我有多痛你知道……
在每次时空交错的瞬间，我相信自己看见了永远……

J搂你在怀里，你瑟瑟地颤抖，你很久不曾有这样的温暖和怀抱。

你和母亲从小被父亲抛弃，最惨的时候两个人身上只有1元钱，连方便面都买不了。

猪油米饭与白糖米饭是你的家常便饭。

母亲改嫁那天，你强颜欢笑地当着花童。母亲流泪，你亦是。

她想你们终于有了幸福。你却想她终于有了归宿，而你的未来呢？

把我当作你自己吧，从今天开始。他一遍又一遍地安抚。

他买了适合你的衬衣，适合你的牛仔裤，买了让你看起来有归属感的戒指，买了一小套公寓，让你毕业之后有个落脚的地方。

爱情存在的形式有哪几种？

1. 在一起很快乐。
2. 在一起不快乐。
3. 不在一起很快乐。
4. 不在一起不快乐。
5. 以上皆是。

单选还是多选，还是选无可选？

某个清晨，你不辞而别，留下所有 J 给你的东西。

你说你还是喜欢一个人听音乐，用 T 恤开瓶盖，戴着隐形眼镜眨眼睛，感情都隐藏在镜片之后，谁都感觉不到它。孤单行走，恣意行走，没有人会突然潇洒地落在身边，天昏地暗甚至沉沦也不过是一个人的事情。

你说你生下来便是一个孽缘。父亲因此与母亲离异；母亲因此受了多年的委屈；J 因此从光彩鲜艳的人变成居家的男人；母亲的新丈夫因此要承担额外的学费，他的子女因此少了他们理应拥有的更多东西。

你把一切灰色都加在了自己身上，你说如果你不存在于这个世界上，也许不会给人带来那么多麻烦。

雨天，你不撑伞出去走路，J 阻止你，你说你早已习惯。不是习惯被雨淋，而是习惯了家里没有伞。

你在香皂盒里垫上海绵，你说海绵会吸水，香皂便不会变软了。每次大扫除，你便把香皂盒里的海绵拿出来擦地板，让J痴痴且满足地看你的举动。

你喝没有冻过的可乐一样美味，你喝没有兑过的伏特加一样自然，你坐在租的民房里吃甜甜的西瓜，穿着帆布鞋面试，偶尔也谈一两次恋爱，那是你证明自己还存在的方式。

"但我不需要证明我存在的价值。"

八年或者九年的时间迅速地过去。J后来去了香港，你的消息我们没有人知道。

如你所愿，J又变成了那个光彩照人的阿波罗。事业在香港发展得不错，也有了自己可以定期更换的恋人，有时间我们会通电话，我想唯一不变的是他肩膀上那几个常常被陌生人询问的咬痕。

你也在北京吗？昨天J和我见面了。他说他见到你了，他在朋友的车上，看到你带着多年前那样的表情从地铁站出来。

我说你依然在长沙，不会来北京的。他说你从地铁口出来，穿着胸前有一轮太阳的T恤，手里拿着一瓶柠檬饮料，你T恤的下部依然有拧瓶盖的皱褶，已经在他脑海里固定成形……

"和你共度的每一个瞬间，我相信自己看见了永远。我已开始有一点儿了解，所谓瞬间永远，以为幸福是终点，必须追逐的永远，才让我们都忽略。"J换成了周蕙的歌曲，然后看逐渐入夜的城市，巨大且空虚，贪婪且情绪化。

朋友常常会和我说起他们的故事，奇怪的是，他们的幸福从来不和我分享，反而所有的遗憾都想让我帮他们记录下来！

几年前，我一直以为，只要两个人相爱，就没有不能在一起的理由。配不上你、连累你、耽误你、你可以找到一个更好的之类的措辞都是借口。在这个世界上，还有什么比你爱一个人，这个人也爱你，于是你们彼此心知肚明更美好？即使两个人不在一起了，你们的心也应该是在一起的。但事实往往相反，在一起的两个人不那么爱对方，爱对方的两个人因为不能在一起，连心也给砍断了。

那时只觉得自己不会谈恋爱，那么简单的问题为什么都解决不了？等到过了几年之后，你经历过几次失败之后，你才发现，原来不是你不会谈恋爱，而是大多数人不会谈恋爱。你什么都懂，对方不懂，但谈恋爱是两个人的事情，所以归根结底还是你自己的责任。

千万不要因为自己的高标准而对对方产生愧疚，如果对方真的要成为你生命中某个部分的话，他也一定会努力达到你的标准。

说到底，所有的理由还是不适合，本不是你生命中的那个人，就不要因此而让自己困扰了。

## 写在后面　　　　　　　　　　2012/10/8

J现在很好，去年结婚，今年老婆生了双胞胎，开始收心。然后感叹，世间怎会有如他老婆这样的女人，简直就是为他量身定做的。你看吧，所有同甘的人都被认为理所当然，偶尔共苦就被认为是命中注定，越是聪明的男人越这样认为。

## 写在后面的后面　　　　　　　2025/4/24

　　应该是某个晚上，朋友给我说起了自己的故事，希望我写下来，我就写了下来，用一种很奇怪的语气和人称。

　　2008年，我27岁，那年我应该在广告部做着销售，每天无所事事，四处碰壁，写作大概是我唯一让自己心态平和、自我肯定的东西。

　　一天什么都没做，觉得自己就要被公司淘汰了，但是晚上写上一千字，又觉得自己是有某些能力的。

　　我和人聊天，把别人的故事记录下来，给自己增加一些北漂的信念感。

　　当朋友和我说J在香港工作的时候，我很羡慕，心想：我什么时候才能去一次呢？

　　没想到第一次真正去香港是上个月，我已经44岁了，被邀请参加香港的读书节，结束后我坐着地铁穿梭在这座陌生又熟悉的城市里，想起我曾写过这篇文章。

　　想起我帮人写故事的那段日子。

　　绰号"班长"的好朋友，前几年来了香港工作。他开着车带我到了香港山顶，他突然很感慨地说：你还记得吗？你曾经帮我写过情书，我告诉你我怎么想的，你就把它变成很感人的文字，你是最初代的DeepSeek。

28岁

## 那时的我认为

能从一个眼神中读出你的歉意的才是你的真命天子,能从一个拥抱中感受你的不舍的才是你的知己。

谁认真谁就输了。

解释没有意义。

这个年头,重要的不是纵横捭阖的能力,不是倾国倾城的长相,不是三宫六院的胸怀,也不是株连九族的家世,而是态度。态度,你有吗?

骂人真是让自己心情变好的一剂良药。

# 思考和分享是一种逐渐消失的美德

2009/8/5

QQ上收到三条编辑约稿留言。一条是老编辑的约稿,写明了需求,写明了字数,也写了我的名字以及问候。

另外两条是陌生号码发来的,内容非常类似:我是《××》的编辑××,帮我们写个稿子吧?

每次看到这样的信息,我就很想知道他们究竟是怎么走上编辑这个神圣岗位的,既然会上网留言,为什么不会思考一些最基本的问题?

比如,如果您的杂志足够出名,我想您也用不着来约我的稿。如果不够出名,您还装出一副大家人手一册抢购您杂志的样子,那我就真没话说了。所以起码的,您得告诉我您的杂志是日刊、周刊、月刊、双月刊还是季刊,别以为我特知识分子,没我不知道的事情,其实我不知道的事情多了去了。

其实足够出名的人也会谦虚地介绍自己。比如张国立老师,若是打电话给陌生人,一定会说:您好,我是演员张国立,弓长张，国家的国，立正的立。别以为这个世界上人人都和你想的一样，上一次回家调查"80后"作家，大家都认识谁，有几位除了我是他同学的原因而认识我之外，对韩寒、郭敬明一概不知道。

再比如，您得告诉我，您的杂志是什么定位吧？我不擅长写鬼怪，不适合写武侠，没写过美食，更不懂什么是知音体。所以您得仔仔细细地告诉我，您需要什么，您杂志的定位是什么，您看过我以前的东西吗？如果看过，告诉我哪一篇是您需要的风格，这样我就能快速明白了。如果没有，那也请您告诉我您需要的内容和方向。

还有，如果可以的话，您也可以顺便告诉我，您杂志的稿费大致是多少，如果您可以开出一字1元的价格，您也就什么都不用说了。如果不是的话，我觉得您还是事先提两句，虽然我不差这个钱，但是您总不能等我写了两千字后再告诉我，你们的稿费是千字100元吧？除非您具有超凡的魅力，让我不要钱也愿意写。我心肠很软，也常干这样的活，但前提是请您先把我给征服了，怎么着都没问题。

类似的情况也常发生。常有一些同学投简历到我的邮箱想加入传媒业，态度诚恳，语气真挚，对他们的未来有帮助的信我一般都回了，但是还是有很多信我不知道是想挑逗我，还是大家想组团测试一下我的善良度。

比如有的信里写：我想从事传媒工作，告诉我怎么样才行可以吗？

拜托，我又不是阿拉丁神灯，你喊我一声，我就出来帮你了。传媒工作不是体力活，不是我告诉你把精子和卵子放在一起，再找个好子宫就可以造人了。传媒工作没那么简单，所以一般答复这类信，我都只回三个字：要努力！

比如有人写：我特羡慕写小说的人，请问怎样才能出小说？你还不如直接问我怎么发财好了。

比如有的信里写：我特想加入光线，请问光线有哪些部门，哪些部门需要人？

其实现实生活中，好像大多数人常常会问同样一个问题：哪些岗位需要人？就好像只要那个岗位需要人，他去，这个人就一定会是他。好像光线以及其他公司都是种萝卜的农产品公司，都是一个萝卜一个坑的管理模式。

张爱玲最烦女演员和她见面时说的一句话：其实我也很喜欢写作，只是因为工作太忙了，就没有时间写了。言下之意就是，如果工作不忙的话，她也一定会成为一个女作家。

一般这样的信我会回：网上去查。

还有的信里写：我想去光线面试，请问你们公司的地址在哪里？我要找谁面试，有什么条件和要求吗？

世界这么大，你可以找到我，难道你不能在网上找到公司的地址吗？找不到公司的总机吗？不知道总机拨0转的是人工吗？不知道每个公司都有一个部门叫人力资源部，是负责招聘的吗？一般这样的信，我会回：请拨打010-6×××××××转0，然后转人力资源，把你想问的全部问了。

这比每天等我回信快多了。

当然，还有很多同学的信我是非常喜欢读的，比如有的同学有事没事给我发封邮件，里面是他（她）最近看到的书摘和感受，这样一来，我读这封信的时候也觉得自己清新起来。

分享是一种正在消亡的美德。对于这样的留言和 e-mail，我是愿意花时间来讨论的。Boya 给我推荐了一部片子《他其实没那么喜欢你》(*He's Just Not That Into You*)，我周末抽空看了，又是在讨论爱情这个永远不变的话题，但每一段都十分精彩，值得近期拿出来再细细分享一下。

## 写在后面　　　　　　　　　　　2012/8/29

看来我写这篇日志的心情应该是积压了很久，要不然怎么写得那么畅快，现在读起来也有很想打人的欲望。最近出的两本书说是和职场相关的，其实这个社会哪有什么情场、职场、人场，任何场合犯的错误就代表着这个人从小所受的教育，以及这个人的性格。他们所有在职场上犯的错误，在情场上也好不到哪儿去。因为《职来职往》，我开始频繁地接触到职场问题，于是想发脾气的时间也就越来越多。

骂人真是让自己心情变好的一剂良药啊！

## 写在后面的后面　　　　　　　　2025/4/24

呃,我现在已经写不出这样的东西了,倒不是因为没有了脾气,而是觉得好像每个人都不容易,有人之所以这样,恰恰是因为他们的工作只要求他们这样,而恰恰是因为这样,所以他们也只能做这样的编辑。你只能用最高标准去要求自己,然后做到,用最低标准去要求别人,然后看要不要继续。

如果觉得看不懂,那就是没兴趣,不用回复,不用搭理,不要试图去改变什么,你只要集中你的精力让自己不要犯这样的错误就行。

有句话挺对的——如果我讨厌一个人,就会闭嘴,让他在错误的道路上一直走下去。

# 季节

**2009/12/31**

房间里重新有了油烟味,父母从湖南赶过来帮我暖房。

房子是奥运前后到手的,具体时间已记不清楚,总觉得这几年的大事小事就在不停地忙碌中便有了一个结果。

而渐渐养成的习惯却是常说的一句话:嘿,那时我怎么能那样,好像还真的挺惨的,不过想想还不是这么过来了。

我用以前的账号去翻了翻自己在某个大型论坛发的帖子。

我曾经发:写稿迅速,适合任何题材,不计较稿费,中文系毕业,已在《青年文摘》《女友》等杂志发表各类文章,有意的编辑可联系我……

也发:写了一本关于大学生活的书,文笔流畅,如果有编辑愿意出版的话,可以不用稿费,通过以下的方式联系我……

刚到北京时发的帖子是:征在紫竹桥附近的合租者,月租1000元左右，无不良嗜好……

我看了半天，没有说话，自己和自己喝了一杯。

突然想起和小虫老师有一搭没一搭的对话，说到这几年他的心情和作品，他突然说："我帮品冠写过一首歌叫《杜鹃》。"

那是他众多作品中的一首，我当然知道这是品冠第一张专辑中的最后一首歌，很多人也许还听不到那一首。"我望着更换过了的窗帘，没有笑脸，痴痴的双眼，不敢碰的心弦。到底，怎么过的这几年。"

那是我当年最常听的一首歌，心情也如歌名《杜鹃》一样，不是惊艳，也无清香，只是漫山遍野心情中的一种而已。可也就是这种漫山遍野的心情，堪堪蔓延了大半个中国，只是在一个人时才描绘得出来。

北京的风很大，制订了很多出行的计划，都因为大风而取消。

坐在房间里，妈妈突然说："为什么来了三天就觉得好像来了一个月？时间过得好慢。"

生活就是这样的，适合一个人过，寂寞地过，偶尔会比热闹地过要好得多。只是随着年纪渐长，责任渐大，那种一个人的寂寞体会会越来越少，离生活越来越近。

我和爸妈说了两句便觉得很开心了。后来带他们去了后海溜冰，爸爸带着妈妈踩着冰车迅速地从我眼前滑过，让我丝毫没有追上的可能性，我觉得鼻头真是有点儿酸，但是又不知道为何而酸，最终他们消失在众多溜冰的人中，那片满满的阳光，真是美死了。

看最近两日的八卦新闻，绯闻女主角博客上有句话穿插在里面格外扎眼："你说，酒吧里的花为什么就沾染不了烟味呢？"

新年快乐！

## 写在后面　　　　　　　　　　　2025/4/24

不知为何 31 的我并没有给这篇文章写上些什么。爸妈这些年真的很少来北京，他们觉得在北京的日子实在过得太慢了，而随着家乡有了机场，我回去的次数也越来越多。

我格外喜欢这篇文章的写作风格，似乎和现在的我越来越像了，尤其是最后一句:"你说，酒吧里的花为什么就沾染不了烟味呢？"

我并不想知道答案，只是觉得这话放在最后很妙。

今天的我依然会这么做。

比如这几天，我觉得很厉害的一段话来自一本名为《成为作家》的书，当中海明威说:"永远在你写得顺的时候停下来，在你第二天动笔之前，不要去操心。这么做的话，你的潜意识会一直运转。"

这段话解决了我写作上很大的一个困惑，以前我写东西都会写得很尽兴，写累了，写无可写了才会停下来，第二天继续。可到了第二天，发现根本接不上前日的状态，需要很久很久的时间才能对接上。

# 火柴的奇妙力量

2009/8/11

从某个阶段开始，家里的打火机被换成了火柴。一是因为任何吸烟的朋友来家里之后都会拿着我的打火机说：耶，好有趣的样子。然后顺利地顺走了，拍拍我的肩膀，留下我一肚子怨气。于是我又踏上购买新奇打火机的旅程，永不停止。二是搬家的时候，阿暴他们为了祝福我红红火火送了我很多火柴，后来我就把打火机彻底换成了火柴。

对吸烟的人而言，在公众场合用火柴太丢脸，但是我在家里用一小根火柴点熏香，真是一件倍儿洋气的事情。

对于火柴，不仅仅喜欢那种原始感觉，还有划亮它所产生的气味，那么沁人心脾。亮的一刹那心情也变得澎湃起来，虽然也仅仅是"哗"的一声而已，但所产生的愉悦情感足以填满整个耳膜。

那种磷的燃烧比镁的燃烧更接近人的情感，无论是从色彩还是从它的载体来说。镁常常是包裹在铁丝上，而磷包裹在木柴上。

《浓情朱古力》是一本特奇异的书，通篇的美食做法交缠着人的情感和命运。书里面有一段大概是这样写的："磷本是从大量蒸发的尿液中提取出来的……每个人的体内都有制造磷的物质。祖母说每个人出生时心里都有一盒火柴，但是我们自己不能把它点燃，就像在实验室里我们需要氧气和蜡烛帮忙一样。氧气就来自你所爱的人的呼吸；蜡烛可以是任何音乐、爱抚、言语或者声音，总之是一切可以点燃火柴的东西。一根火柴点燃后，我们有一会儿就沉醉在一种强烈的情感中。我们的心里激荡着浓浓的爱意，随着时间消逝，一切重新归于平淡，直到又有新的激情点燃另外一根火柴。"

每个人为了活下去都必须找到点燃自己心头之火的力量，而那熊熊燃烧使我们的灵魂得到滋养，那烈焰就是灵魂的食粮。如果一个人没有及时找到点燃心头之火的力量，那盒火柴也会受潮发霉，那时就连一根火柴也划不着了。

这个理论写得真是奇妙。所以也就不难解释我自己的另外一个疑惑：所有的宝石里为什么只有祖母绿，而没有妈妈姐姐红、妹妹蓝、爸爸黑、祖父紫之类的宝石——因为祖母说出来的话一般都比较有内涵，所以才有一款叫祖母绿的宝石——估计我小时候如果这样解释，我爸会一枪把我崩了吧。哗——幸好我长大了。

所以也就真的不难解释为何又出现了打火石这样的东西，

本来就不是人内心产生的情感，偏偏有了后天的辅助道具。用打火石点燃了内心，映着一张苍白的脸，像个调情高手一样融化着自己和别人，大家都以为陷入了爱河，却发现终究没有萦绕心头的味道。磷燃烧的独特味道——那是人的身体燃烧出来的情感。

后来，睡觉不够，有了红牛。后来，蔗糖不够，有了糖精。

胭脂红不够，有了苏丹红；脚步不够，有了飞机；感情不够，有了情书；关心不够，有了快递。

或者，因为你不够，所以有了我。

PS：有句话是《麦兜》封面上的，小悦很喜欢，可我怎么也没有太想明白："那不是缺陷，是你不在梦中。"

哗！就句式来看，真绝啊！

## 写在后面     2012/10/8

写得真棒。连着最后小悦喜欢的那句，我终于明白什么意思了。因为有一天我也在想，为什么梦里所有的一切都顺理成章，而清醒之后漏洞百出呢？之所以我们觉得很多事情有缺陷，那是因为我们不在梦中。

这句话小悦比我早三年明白，你果然是北京卫视最有潜力的主持人呀。

## 写在后面的后面　　　　　　　　2025/4/25

　　小悦仍在北京卫视，已经不仅仅是主持人了，还是大型晚会的总导演和大型纪录片的制片人，时间回退到二十多年前，一个女孩对你说：同同，和你分享一句话，我真的很喜欢——那不是缺陷，是你不在梦中。你只会觉得这个女孩有趣，但不会想到这个女孩不仅有趣，还很坚韧，在自己决定的事情上一直走下去。

　　我给她发信息：小悦，我在修改以前的书，27岁的日记，32岁写的后记，44岁写的现状。没想到那么多年过去了，我们还在自己选择的路上。

　　她：小月！！！我叫小月！！！

　　紧接着她说：你别再写了，再写我还在吗？谁的青春不迷茫，谁的朋友命更长。这段时间，我身边陆续走了两位熟人，心梗。我们活着，还爱着，就足够好了。

　　看着以前的日记，心里感叹，虽然朋友已经失去了，但关于自己的某些部分却从未改变过，真是一件好事。

　　现在我依然喜欢火柴胜于打火机，喜欢发信息胜于通电话，喜欢写信胜于发邮件，喜欢去书店挑书胜于在网上下单，有一种实实在在的感觉。

今年在渔村写东西的时候，我淘到了大学时用过的那款CD机，于是买了很多歌手的专辑，将有线耳机放在耳朵里，一张一张换着听，虽然比起手机的蓝牙繁杂了不少，但有一种实实在在的感觉，那种感觉很妙。

# 曾经的我，现在的你

**2009/9/7**

她生小孩了。

我接到电话的时候已经是第四天。她当时给我打了电话，可是我关机了。

电话里她很激动，这边的我已然不知道该说什么才好。

我问："你在哪里？什么时候生的？健康吗？出生的时候哭得大声吗？"

她说："为什么只有你一个人不关心是男是女？"

是男还是女？这个问题在我的心里已经被排到了很远之外。

她并不是第一次怀孕。上一次在五个月的时候胎儿停止发育。

小学时的她是出众的校花，我只是远远跟着躲在后面欣赏的一员。初中时她是我同桌，那些追逐她的男生对我都很有敬意。

高中时她在隔壁班，难过的时候会想起我。

之前，我听别人说过她的感情经历。一般被男生盯得太早的女生都很难保护住自己。现在的我也是这么认为，我认为她也没有那么好地分辨出究竟何为爱情。

她的青春是在溜冰场、激光灯、舞曲、摩托车、高速公路、栏杆上，迪厅、游戏机室里留下过多重影子的。

后来她哭着告诉我，她曾经的他是如何对待她的。年轻逼仄的爱一旦到了极致，用力拥抱就变成了暴力，脖颈的吻痕就变成了伤口，亲密接吻变成了最恶毒的语言，形影不离就成了昏暗的囚禁。而造爱之后的孩子就只能成为记忆中的流水，流向不知名的寒冷之地。偶尔在睡梦中她会惊醒，连她也不记得的次数，躺在冰冷的病床上，冰冷器具的撕裂感像图钉一样扎在她的神经里，眼泪是不可能洗干净的。

我从小在医院长大，听说过很多因为子宫太薄而无法生育的例子。她心里清楚这个结果，所以每次眼前浮现她看到小孩的欣喜样子，我就闭上眼扭过头去，心里想着：一切一切都会好起来的。

她很会玩跳舞机。那时的我们都很会玩跳舞机。

没心没肺的我们曾开玩笑：你不能再跳了，我怕你再跳，小孩就会掉在跳舞机上了。她也没心没肺地大笑，这种毫无禁忌的玩笑当唾沫般就咽了下去。

后来直到有一天，我们从酒吧出来，她在路上突然说：也许，我生不出孩子了。然后叹了一口气，是对自己挥霍青春的后悔还是对自己拼尽青春后却没有一个好结局而惋惜？

现在的他是她十年前的相识。她比他大5岁。没有人相信他们会一直走到现在，更不用说生孩子了。从大学到毕业，到北漂再到现在，他们也吵架也分手，她离家出走，他沉迷于网络不问不留。可他也从意气风发的校草逐渐成为中年发福的男子。这个过程，她一直伴着他度过，她也曾说，哪怕没有孩子，她也陪着他一辈子这样过下去好了。

去年她的婚礼，我是主持。当时她已经怀孕五个月，那天我们谁都没有开小孩的玩笑，我们都变得小心翼翼了。有过上一次努力后的失败，这一次谁都不知道结果如何，可是她还是坚强地笑着，将自己喂得胖胖的，也在电话里让我猜她的体重。

曾稳坐十年校花宝座的她，为了孩子，体重最重时到了160斤，她不管不顾，为了孩子，一切都豁出去了。

他也变了好多，找了一处三居室的房子，购置了新的家电，等着三口之家的到来。

9月3日，她打电话给我，我关机。

她是想告诉我：亲爱的同，我生了，是个男孩，6斤半，自然分娩，没有剖腹，母乳充足。

真的恭喜你。我们认识了二十二年，在北京的下雨天接到你的电话，听到你说这些迟到的喜悦，我很不争气地大哭起来。

## 写在后面　　　　　　　　　2012/7/15

　　她——我初中的同桌,她的事情在我脑子里总是那么清晰。是不是我曾经暗恋过她?不然,怎么对她的事情那么在意?想了想,关于暗恋这件事情,也许是会忘记的。比如第一眼觉得她真好,然后第二个念头就是告诉自己高攀不上。于是附于其周,成为摆设,终生映衬景物。我和她在初中还打过架,我把她的书包从二楼扔了下去,于是,她把我的课桌从二楼扔了下去。嗯,我应该不会暗恋她……

　　很多男孩没有成为女孩的孩子他爹,但只要有心就一定能成为孩子他干爹。我觉得干爹都是有爱心的人,无论何种场合。

## 写在后面的后面　　　　　　2025/4/25

　　想起多年前还有一晚，她和爱人吵架，我去劝架。

　　她一把将结婚证撕掉了，说日子不要过了。

　　我说：这种东西撕了还能补，撕有什么用，要真正离婚才行啊。

　　然后他俩同时就笑了起来，就和好了，我待了一会儿，没好戏可看就走了。

　　再后来，他们搬家去了南方的省会，生了两个孩子，她有一天突然给我发消息说：给你发这个消息也没什么事，很久没见了，就是告诉你，我过得挺好的，在老二学校旁边租了一个文具店，每天看着小孩进进出出可有意思了，每天可以收到好多零钱，我都习惯了手机付款，现在还要将零钱一张一张叠好，有一种很有趣的感觉。

　　我说：嗯，踏踏实实的感觉，和我们小时候一样。

　　我们起码十年没有见过了，很偶尔发个信息，就像她说的，其实联系也没什么事，就是想告诉对方：我过得还不错。

*29岁*

## 那时的我认为

活着,不在于斗争,而在于在无数的斗争中找出与你一样努力发光的人。

青春,就是这种东西,无论岁月如何改变,都以某种亘古不变的姿势存在,在不经意的时候提醒你,你的青春在这里。无论世事如何动荡和变迁,保持内心的那份无知、单纯、善良,因为那才是真正的我们。

我是把自己看得很低,但并不代表你就可以把我看得很低。我看我和你看我是两回事,所以请不要自作主张拉近咱俩的关系。

我有无尽的底线,我有超级好的脾气,我可以忍受一些不满,只因我一直把你当作亲人,所以请不要浪费这种信任。

每个阶段,我都是需要一两个仇人的,这样活起来才带劲。

# 能成为密友大概总带着爱

2010/1/24

"能成为密友大概总带着爱。"

粤语歌总能够用简单的词唱出复杂的情愫。

有些情感能引起万人合唱,有些表演能让人泪眼婆娑,我喜欢这样的情绪,十几个人坐在KTV里静静地看着一出淡淡的MV,一言不发,每个人都从中记下他们看到的话,而我,从中选取了这句——"能成为密友大概总带着爱"。

虽然对我而言,密友概念已经很多年不再提起。有时候看以往的日志,那些常常出现的人名,那些在聚会上常常拥搂在一起的人,以及当着媒体、当着陌生人、当着普通人的面说过"我们要一辈子在一起"的那些话,早已成为羞辱自己的资本。

"好聚好散"是对夫妻说的话,想不到如今却也可以用来形容朋友之间的感情。

后来,我一个人经历了很长很长的黑暗时光,工作,写作,然后再工作,偶尔放纵。

从鼎盛的氛围中脱离,独自成为一个孤独的人,在很多人看来是一件很可耻的事,连我自己也这么看。

以前看尹珊珊同学写的女同学之间对彼此的排斥,入木三分。

其实任何人之间都一样,因为他们足够相爱,所以他们有足够的手段伤害你。

我知道我被隔离过,从一群人轰轰烈烈地聚会,到一个人上班下班。我也被别人背后指责过,不说千夫所指,起码也是众叛亲离。

我还被形容得一文不值。要知道,了解你的人伤害起你来,会让你更不相信自己,认为自己也确实不过如此了。

所以当我看到章子怡泼墨门,昔日好友反目成仇的娱乐新闻时,那些详细的情节,跌宕起伏的情节,老友之间的恨意贯穿始终,以前那些说过的话,挽过的手,亲过的额头,相亲相爱互相保护的那些话,就像是一个笑话,让懂得羞耻的人更羞耻。

我选择了闭嘴,进行了这几年的自我修炼。

既然你比别人更懂我,比别人更了解我,比别人更在乎过我,所以你伤害起我来也是不择手段的。我自然也很了解你,我看过你在我面前对别人的鞭挞,我自然知道自己总有这么一天也会落得这样的下场,虽然到今天为止,我也没有反驳过一句话,因为我知道,那样做的话,所有的人都难堪,而我们的人生也就变成一场闹剧了。

我不想破坏你，更不想破坏自己。

花了多年的时间，结识了你们这些朋友。走的走，散的散，连我自己都对朋友这个概念抱有疑惑了，不会再坦诚以待，不会再肆无忌惮，那就都发乎情，止乎礼吧。

后来，陆续遇见了一个、两个、三个和我们曾经类似的人。

和我们类似的是，他们对友情极度向往；和我们不一样的是，他们都知道体谅、包容和控制情绪。

"如果有人在你面前对你的好友大放厥词，你会做何反应？"这个问题很多人回答过。有人会说"咱们换个话题"，有人会说"对不起，我有事情先走一步"。我的选择是能解释就解释，不能解释就往自己身上揽，他和我是一样的人，既然我们能坐在一起，他就不会太糟糕。而出于一个人的基本需求，我也是多么需要朋友这么对我。

也许，因此我得罪了一些人。事后，我也发现有些人并不值得我这样对待，但是我从未后悔过。因为那样的我，才有现在的这些朋友。


然后，才有了我的第一部电视剧《离爱》。

E因为开车喝不了酒，然后找了个代驾司机，和大家又放开了喝。G在夜深人静时发来壮志雄心的短信，说我们一定会成功的。

M想了想突然说：我们肯定会红的。

L一夜未合眼从片场赶回来参加我们的建组仪式。

众人的前辈K，第一次见所有人，还穿了西装，打了领带。两位投资人更是对一切充满了信心。

就像大家说的："所有人因为信任而聚在一起，并不代表未来的我们会有多么成功，仅仅是证明了我们在一起就是一件正确的事情。正确的人，经过了时间，终究会在一起。"

任何虚伪、强装、虚荣，在时间面前，终究落败。而能经得起考验成为历史的，必是对少数人的真诚和对大多数人的平和。

活着，不在于斗争，而在于在无数的斗争中找出与你一样努力发光的人。

星星点点连成一片所谓朋友。28岁末，终于想明白这一点。

## 写在后面　　　　　　　　　　2012/7/15

嗯，看到这里，突然觉得写了一本青春纪念册。多清晰的文字和脉络，恨也恨得嚣张，爱也爱得张狂。我那几年还真没有白过。这一年更多的感触是朋友的重要性，原来很多很多事情之所以能够成功，并不是自己一个人的坚持，必定是一群人的努力。如果要在自己年轻的时候做更多的梦，就一定要找到那些能和你一起做梦的朋友。

还有一句话挺好的：谣言止于智者，流言止于呵呵。

## 写在后面的后面　　　　　　　　2025/4/25

　　《离爱》这部电视剧制作出来后，因为剧情原因修修改改，似乎就没有播出过。而在等待它播出的那几年，我的心情起起伏伏，跌跌宕宕，我一直给自己暗示人生的翻身就在这部电视剧了。时间一年两年三年过去，我慢慢就理解了——不要把希望寄托在一件自己控制不了的事情上。

　　我唯一能做的事情就是当某件事情来的时候，抓住机会全身心投入去做，做的过程，所有的感受就是我的收获，做完了需要大众评判了，就与我无关了。有惊喜那就是一种奖赏，被冷落也很正常，但我本人不能再因此而惊惶。

　　只是即使我想得再明白，可一旦很努力干了一件事，还是很期待外界的反馈。失落一次，又失落一次，无人在意，就成了人生常态。真的好痛苦啊，不明白自己工作的意义，觉得自己是不是选错了行业，怀疑自己根本就是没有足够的能力，然后岁数就大了。

　　那时，如果我告诉自己：没关系，过十年，你另一本小说《我在未来等你》也会改编成电视剧，还挺好的，你要坚持十年哟。

　　我觉得当时的我一定会觉得要不转行算了，十年好长啊。

　　可我们哪又有其他什么选择呢？人生不就是忍着忍着就过完一辈子了吗？

　　时间是最不重要的，你比你想象中更能忍受糟心事。

# 矫情是世界上最美好的东西

2010/1/16

"或者是明天,或者是梦里。我重新念起我最爱的诗。我独自一人,感动了所有的风和日丽。"

——宫傲《或者明天》

如果不是一早知道他(因为宫傲是童星出身,那首《玩泥巴》就是他唱的,所以在我印象中他一直是那个童星),我可能会早一点儿喜欢这个声音,更早喜欢这句词,更早喜欢智勇送给我的这张 CD,以及 CD 扉页上的那些字字渗透青春的序。

一个人,因为先入为主的印象而不能被众人看到他更人性化的一面,不是他的悲哀,而是众人的悲哀。

写到这里,不禁有疑惑,一个人真的有可能被另外一个人完整地了解吗?还是说,这是一个不可企及的愿望,我们一直在这种不可企及的愿望中步履蹒跚？

如果你愿意了解我，你就能看到我拿着手机发呆的样子，很傻；你就能看到我每条短信后酝酿的时间，很长；你就能看到我每个笑容背后的练习，八颗牙；你就能看到我们终于有了同一个域名下的博客。

看到一句话，觉得写得很好。可是写得这么好，也不能改变什么。

"因为在意旁人的目光不能在一起……因为升学压力不能在一起……因为相隔两地不能在一起……因为相见太晚不能在一起……因为聚少离多不能在一起……因为不能习惯将朋友关系转化成恋人不能在一起……因为星座不合不能在一起……因为前任的阴影不能在一起……因为过了这村就没这店不能在一起……这个世界能不能单纯一点儿……"还有可能因为过于爱对方而不能在一起。因为太爱对方，就太容易受伤，因为害怕未来终要受伤，不如不在一起。

如果是以前看以上这一段，我铁定不会和这个作者成为朋友，矫情，全世界都矫情，现在却觉得矫情是世界上最美好的东西……

彤小姐在微博上称呼我为"情圣"，问我怎么随意写的话都那么感人。我说还真是"情剩"，所以直到我这么大龄才似乎懂一点儿这些。以前每天都是自省自省，想怎么做好一个人。现在每天思考情感情感,想怎么做好一个爱人。以前那些和我在一起的人啊,真是辛苦大家了。

大学时,甚至大学毕业后,我很长时间都是别人的爱情导师。如何追女孩,如何搭讪,如何约会,如何求婚,如何办婚礼,如何解决夫妻争端,如何劝和,这些全都是我的强项,如果有专业考试的话,我想考卷不用改出来,院系就得聘我当导师。

九哥是在夜间给我发短信说他老婆生孩子了,苏也是在夜间给我发短信说他老婆生孩子了,我们仨当年在大学里穿着拖鞋像流氓,现在俩流氓成爹了,剩我一个,还在干着这些尽拉长了时间的事情。人生兜兜转转的,始终到不了下一站。或者说人家已经在山上生老病死了,我还开着车绕着山路转着。

有天晚上,宿舍突然停电,所有男生跑到走廊上,隔着巨大的天井狂欢,先是扔瓶瓶罐罐,再是扔垃圾桶。郭青年一看激动了,把宿舍的热水瓶提起来,当俩炸弹扔了下去,至今我耳边回响的是他嘿嘿嘿嘿的笑容。后来,芳来把张民民许久不睡的床单扯下来,一把火点燃,巨大的火球从五楼喷薄而出,映亮了几百名男生青春的脸,全是征服未来世界的渴望。肾上腺素不知怎么就起来了,我和九哥跑到六层,找了一张闲置已久的木头床,然后合力远远地扔了出去。一张巨大的木头床,呼啸着经过五层,四层,三层,二层,一层,"轰"的一声,裂成碎片。一场狂欢画上句点。

隔天，学院将此事作为"要案大案"来抓。九哥挺身而出，说是他一个人把床弄下去的，然后被记了留校察看的大过。我一直觉得如果我被抓，人生就毁了。九哥觉得如果我被抓，学院也只会处分他，他就更丢脸了，还不如自己扛着，落个好名声。

然后，这件事情就被我这样一直记住了。

我一直都是记不住生活细节的人，只记得大起大落，所以活得很自在，而没心没肺的另一个意思是看得开。都说我看得开，究竟是有多看得开呢？

"笑容沉下来，瞳孔便放大，死寂一般，这算看得开吧？"

可你却是连毛细孔都能看清楚的人，不用凑上来，不动声色已经可以猜到所有的情节，然后说："未来是个悲剧，我也可以陪你一起走下去。"

谢谢！你真是个大好人。

## 写在后面　　　　　　　　　　　　2012/10/11

今天微姐很严肃地对我说：弟弟，我们一定要记得在我们进步的过程中谁帮助过我们。人常常会忘记自己的顺利，而记得自己的不幸；常常会记住自己帮助过谁，却忘记谁帮助过自己。然后她列了一张名单给我，接着说：她、他和他们，在最近这几年中，江湖救急过我们姐弟俩，要记得报恩……

微姐就是这样一个人，所以我心里一直默念着：如果某一天，我真的突然被皇上召进了宫中，只要手中一有权力，我一定会给我们的恩人们加官进爵，包括她，如果我有权力给她封后的话。

## 写在后面的后面　　　　　　　　2025/4/25

　　微姐是帮过我的，在我刚来北京那些年，她是我和这个世界沟通的桥梁，后来我也渐渐长大，很多事她都会问我的意见，我也如我所写的那样，只要是她的事情我都会不遗余力。

　　很多事最怕一个"后来"。

　　后来，我们对某些事情有不同的意见，一次两次很多次争论，谁都不想改变自己的立场，大概是我们认为只要死扛下去，总有一个人会妥协吧。再后来，我们就不再联系了。

　　大概是经历了这件事，之后我再面对这种"要么告别，要么妥协"的情景，我都会问自己"绝交可以接受吗？"，我不再幻想着"一切自然会好转，熬一熬，大家就忘记了"。如果这个人我觉得没有交往下去的意义，那就果断转身，不再纠缠。反之，我就将想说的话咽下去，做个哑口无言的朋友。

# 无论你走了多远

**2010/2/28**

今天是我的阳历生日,是爷爷的阴历生日,也是元宵节。我刚到上海,准备下周一系列的提案。

爸爸打电话来说爷爷早上走了。

我蒙了半天,一句话也说不出来。

前几年,他过80大寿时,爸爸请戏台班子唱了三天三夜,凌晨开始放礼花。

爷爷一个人坐在老家的田埂上,远远望着人头攒动的戏台,不知道在想些什么。我给他拍了一张照片,他微微地笑了一下。那个时候,爷爷基本上已经认不出我来了,也听不到我们在说些什么,但是这个小老头很固执,所有人就必须听他的。

5岁的时候,父母工作太忙,我被放在爷爷奶奶家寄养过一段时间。那里有一个煤矿,整个路面都是黑的,印象中就是黑蒙蒙的一片。有一次,因为我拿筷子不齐,顺手就在桌子上顿了顿，被我妈骂了三天，于是迅速被送回江西的外公外婆家继续我的寄养生活。

说来很有趣，爷爷奶奶生活在煤矿，外公外婆生活在钨矿。不一样的是，爷爷奶奶都是工人，而外公外婆家有院子有警卫，还有特想把我教育成优秀人才的大小舅和大小二三四姨，所以对我的教育也就有了天壤之别。

舅舅和阿姨会组织周围所有邻居家的小朋友进行智力测验，每天晚上都有《幸运52》的20世纪80年代版，我也常常拿到奖状。而小姑和小叔则每天出去打牌，赢了钱就给我买东西吃，有一次小姑实在太沉溺于赌博，于是回来就被奶奶用菜刀砍掉了一小截手指。

这种血腥的回忆是经过爸爸提醒我才记起来的。奶奶是个性格很好的人，从来不发火，自从爷爷十年前开始有一些老年痴呆的症状之后，就是奶奶一直在照顾他。无论爷爷何时何地怎么发脾气，她都会默默地打水、收拾，帮爷爷擦身子，就像小时候她对我一样，从不发火。现在想起来也不太明白，奶奶这样的人怎么会把小姑的手指剁掉一截。

今天我刚到上海，爸爸的电话就来了。我问：奶奶还好吗？爸爸说：奶奶还好。

抱歉的是，我不能陪在她身边。

抱歉的是，三年前奶奶也渐渐开始忘记我的样子，而我却不能多做些什么。

昨天看到一个帖子,有人说:我要去1999年了,向各位告别,以后再见。帖子下有很多很多的留言,大多数看了很感人,其中有一条是:请你告诉1999年的我,告诉我说奶奶第二年老年痴呆,就会渐渐地不认识我,所以请你告诉那个时候的我,让我多花一些时间陪奶奶。

外公走的时候,我也不在身边。后来我想,如果我在的话会做些什么呢?

其实,我以前是一个特别惧怕死亡的人。小学的时候,一个周末的傍晚,我坐在阳台上看夕阳,整个下午一动不动,我想的问题是,如果有一天,周围有亲人离我远去我该怎么办?然后一个人特别恐惧地坐在夕阳底下,血色残阳,闭上眼脑海就浮现那时的情景。

时至今日,对于死亡,我已经有了别的认识,就好像每次再回外公家,我以及弟弟妹妹、舅舅姨姨都没有半点儿悲恸地拿起三炷香,以外公在跟前的语气和他对话:谢谢外公,今年我过得还不错,反正我不说你也肯定知道,谁谁谁怎样了,谁谁谁又怎样了,但是你不用担心,我们已经劝过他了。虽然外公已经离开将近三年了,可是乍想起来,我觉得他还像以前那样,背靠在沙发上,看见我们就微笑,偶尔站起来去阳台上打理他的盆景。

所以对于爷爷的离开，我并非接受不了，我担心的是奶奶是不是会哭出来，是不是习惯了这些年的生活之后，突然会不适应。我的爷爷奶奶、外公外婆都是很厉害的人，他们养着那么多孩子，把所有孩子拉扯着长大。爷爷和奶奶生了七个孩子，最后只活下来四个，他们的能力只有那么多，而我的生命也在他们的庇护下，得以生存和延续。

以前每次过年过节，小学都没毕业的爷爷会拿出一本字典让我认，认对了几个字就给我几元钱，后来发展到让我对对联。很长一段时间，对于过节我都充满了期待，爷爷的目的很简单，就是觉得自己书读得少了，哪怕我多认识一个字，对他来说都是值得开心和庆祝的事。我曾经靠小聪明赚了他很多钱，让他觉得有莫名其妙的骄傲。后来我出了书，他拿着我的第一本书，捧在手里翻了又翻，煞有介事地读着，后来爸爸过去指着封面上我的名字说：这个是你孙子的名字，这本书是他写的。爷爷才恍然大悟地表扬我很不错。

后来，我把陆续出的书都带给他，他已经不太记得我是谁了。我想幸运的是，在他曾经的记忆里，他的孙子认出了一些字，对上过一些对联，在他记忆的最边缘，他记得他的孙子曾经出过一本书。

过年的时候，我见了他最后一面，我把蛋糕喂到他的嘴里，他任性不吃。好吧，我递给他一个红包，里面是我的工资，他很开心地收下了。

走的时候，小姑说：以前你在湖南台做新闻采访的时候，爷爷老是看到你。现在只要一开电视，他就会问，同同在哪里，同同在哪里？

其实我这辈子也做不了什么大事，只要让长辈觉得长脸和满意，我就知足了。

无论你走了多远，你都走不出我的心里。

## 写在后面　　　　　　　　　　　　　2012/10/10

爷爷，我们现在一切都很好。我想，这些你一定都了解。你走的时候，爸爸说你走得很舒服，并非疾病困扰，八十多年，你只是累了。

## 写在后面的后面　　　　　　　　2025/4/25

　　记得有一年小姑说：你怎么乱写我？我食指少了一截，根本就不是因为喜欢赌博被奶奶砍掉的。

　　我很惊讶：奶奶亲口告诉我的，说绝对不能赌博，不然就会像小姑一样。

　　小姑说：那是奶奶骗你的，她不希望你学打牌。

　　我：那你那一截是怎么没有的？

　　小姑：有一天我拿菜刀剁猪菜，猪菜太多了，不小心我就把自己那一截砍掉了。

　　我：奶奶活着的时候你怎么不说？我现在到哪里去问她？

　　小姑：随便你信不信，反正不是赌博没了的。

　　我：行吧，出版的书已经改不过来了，之后再看有没有机会帮你正名。

　　于是有了这一段。

　　奶奶如果知道她随口的一个玩笑，会给我和小姑带来那么多的困扰，可能就不会说了吧。大人们啊，根本就不知道自己的笑话其实在小孩那儿都显得很恐怖啊。

# 贱狗人生

**2010/3/11**

爷爷走了之后,我在上海又待了十天,乘了十个小时的车去见客户,只是匆匆说了五分钟的话,然后出来,买了一笼热腾腾的小笼包,赶往下一个城市。

有时候常常忍不住想,为什么我会在干这样的事情?然后转念一想:无非是自己生得贱。

Ann 总结了我和她的人生:我们是那种可以过得很富贵,也可以过得很贫穷的人,因为我们从不抱怨。不抱怨的原因有很多,最重要的是,即使抱怨了,除了让人围观看笑话之外,一无所得。

在陌生的城市,没有一个熟人,我和广告部的同事王健大口喝着啤酒,检讨着自己过去的不足,聊些有趣的荤段子,偷换个主角,然后感叹这几年多少算是认识了一些值得交往的朋友。

我应该是变了不少,以前有话总要写下来,现在在微博上看到那些妙语连珠的人，不能说个长篇人生，只能说个简短的调情，想到过去的自己，觉得他们现在生活得一定很辛苦很辛苦，因为要花太多时间写漂亮的微博，导致都没什么时间让自己做一个健全的人了。现在的我宁愿和你坐下来，点上一两箱啤酒，玩玩骰子，猜猜十五二十，或者干脆什么都不说，碰个杯就一饮而尽。

在上海的一周出现了人生中第一次长时间失眠。

闭上眼睛，听见精神一点儿一点儿消逝的声音，却完全无能为力，以至于脸上又长出了难得的青春痘。

我算是把师父吓到了，在酒吧逢人便说"我徒弟醉了，我徒弟醉了"。

醉了酒去上海的电动城找人单挑KOF97（《拳皇97》），选玛丽一招便使出了MAX（最大值）的连击，对方的血槽空了一大半，惊得对面的好友站起来看这个人是不是我。

是我是我。只是我熟悉的那个我被隐藏了很久，需要一点点酒精的刺激。

周日，趁着最后一点儿时间去了电影艺术学院和同学们深度沟通了一下。那是张冠仁的弟子们，很好的一群同学。那个叫阿顺的男生，说自己实习的故事，说着说着就要哭起来了，其实每个人实习都是这样的，不要轻易原谅和可怜自己，如果自己做不到贱的话，就永远学不会简单满足的快乐。

我25岁的时候,《女友》做了一个专访,问我像什么动物时,我还记得当时我用"贱狗"形容自己。四年过去了,我比一些人乐观,比一些人看得开,比一些人无所谓,比一些人更自在。虽然我也有很急躁的时候,那是因为狗急了也会咬人。

我希望我能一直这样,像只蜷缩在角落里等待着被发现的贱狗,好好地喝上一杯。

## 写在后面　　　　　　　　　　　2012／3／20

在广告部待的一年是我最认真的日子,认真思考每一步的计划,认真思考和每一个人交往的细节,认真思考未来的生活。虽没有做出什么大的成就,却也让自己知道了自己可以那么低,让自己知道了做广告其实就是艰辛。嗯,还记得那一天我们坐了六个小时的火车,转了两个小时的汽车,打了一辆黑车,到了客户那儿,又等了两个小时,聊了不到五分钟,被打发走人。没有吃早餐和中餐,就在路边买了两笼包子,加了一些辣椒酱,吃得很开心。我并没有因为失败而颓废,反而因为这种使尽法术也无力回天的失败而释然。看吧,我足够努力了,也失败了,那就不必懊恼了。其实到现在我也是这样,一件事情你尽了全力也没有好结果,反而更释然。最怕的就是,因自己没有尽力而造成遗憾。

## 写在后面　　　　　　　　　　2012/6/26

　　以上是2012年3月看这篇日志写下的文字。2005年，我是《女友》专题采访者之一，篇幅为半页。那是我第一次上这本杂志，是一件极其兴奋的事——这是发行量最大的校园读物。过了七年，2012年4月，《女友》对我进行了专访，篇幅为四页。上周，我拍摄了《女友》9月刊的封面。

　　很多人因为不知道的未来而焦虑，其实没有人会想到几个月之后的事情会怎样，几年后会怎样。

　　但我相信，你要坚持做一个好人，然后你就会遇见一些好人，然后一切都会越来越好。谢谢袁倩姐，谢谢秀华姐。

## 写在后面的后面　　　　　　　　2025/4/25

后来我也常常感叹"以前踮着脚才能够到的东西,好像现在伸手就能得到了",渐渐地,也就不再大惊小怪了。

我给张冠仁发了信息,我说:你还记得吗?有一次我在杭州喝多了,但第二天一大早,朋友开车送我赶到上海给你的学生开讲座。他说:记得记得,同学们反馈说你特别亲切,希望多一些你这样的嘉宾。

他说:你那个开车的朋友也很给力。

我说:是啊,不过好可惜,我和他已经失去联系了,早几年想找来着,但也没找着。

他说:幸好咱俩还有联系。

"80后"处于一个高速发展的时代,小时候的朋友互相留家里的电话号码,我记得所有好朋友家里的电话,上了高中,有人用上了BP机,我又开始记BP机的号码。读了一个大学回来,开始留彼此的手机号码。中间还夹杂了一小段时间用小灵通。QQ流行起来,认识的朋友就只留QQ,然后变成微信……

很多朋友并不是真的没感情了,而是时代一次又一次迭代新的联络工具,有些人就在这种迭代中遗失了。无论是他们与我,还是我与其他人。

# 跟你借的回忆

**2010/3/24**

我问水:"那个时候,我们合租在一起,你还记得有哪些故事特别难忘吗?"

因为看了一本喜欢的书,合上书时,试着闭上眼睛久久地回忆,期望那些浪漫如烟火的青春以及各色缤纷的情节像潮水一样在记忆中涌上来。书里一帧帧照片,裹着艳丽的回忆,一字一句敲打人心。

水是这些年很难得看到我一点儿一点儿变化的人。因为隔得近,所以轻微地摆摆头,就可以看清楚我努力挣扎的这些岁月。所以只有他会喝得微醺托着下巴说:"你真是个好人,也真是个会让人讨厌的人。"

说起过去的日子,他总是记得比我清楚很多。所以有时候我常常会问:"那时的我在做什么呢?"然后他睁大了眼睛,看着我,仿佛我有多么严重的失忆症,于是我会很不耐烦地说:"赶紧说吧。"

因为相信我,他做了近视眼的激光手术。第一次手术失败之后,他什么都干不了,在床上躺了十天。那时我在长沙工作,每天只能和他通电话,他的心情极度糟糕,一度认为自己此生失明——他这么说的时候,我是相信的,他一直都是一个自我感觉特别坏的人,好天气也常常被他的坏心情搞得千疮百孔。后来我实在看不下去了,就说,要么你来长沙和我住一块儿吧。

他在叙述这一段的时候,我的记忆是断层的。我只能很含糊地回答:"嗯,嗯,嗯,然后呢?"

"然后我就到了长沙,每天你都回来得很晚。那个时候,很辛苦,我们便一起接了各种各样的专栏,横七竖八地凑字也搞了一些钱。"

"啊?我们那个时候一起都在写专栏吗?都是些什么专栏?"

"主要都是你的专栏,我也会帮你改,最多一次我们收到了4000元的稿费。白天,我会拿着室友们的衣服去大学城的洗衣房,每天在学校里走一趟,心情也变得很好,觉得生活质量也提高了很多。"

是的,我们刚考完研那一阵,约好了在长沙见面。以前大家都说他是小黄磊,可是第一次见面,他的脸色铁灰,感觉是被锁在青岛海边凌辱了三天三夜逃回来的。他说他在青岛考研的时候,房间里太冷,穿了两条毛裤躺在床上也觉得不够——他一直都不太会照顾自己，我和朋友争吵最厉害的一次便是和他。那时，我已经到北京工作了，让他蒸一些速食食品，他直接把食品放进瓷碗，然后把瓷碗放进蒸炉，蒸了一个小时都没把馒头蒸热。

我本身就是一个不太会照顾自己的人，所以遇见比我更次的人越发觉得烦躁，因为几个馒头便大吵一架，从性格扯到品性，从小事做不好扯到大事成不了，扯到交朋友的原则，扯到很久很久以后的预言。

我们有几个一块儿从郴州出来的好朋友，无论发生什么样的事情，大家总会一年聚个几次，聊聊近况。自从馒头一事之后，我就懒于和他聊天，因为我一直很贱地觉得：你先把馒头蒸好了再和我说话——真的，有时候人真是变态得稀奇古怪。

后来他留校了，在复旦继续当老师。我依然觉得那个连馒头都蒸不热的人又能如何呢？后来别人陆续说起在《天天向上》看到他代表复旦诗社，看到他又拿了什么诗歌大奖，又被邀请去哪里做发言，获得了多少的赞助，我都觉得——别和我提这个，他在我心里永远都是那个蒸不热馒头的人！那个馒头蒸不热导致我也一直坚定地认为他就是一个不想学更多生存知识，只想在学校里生然后死在学校里的人！完了还不解恨，我非常挑衅地说：要不要比一比谁在野外能够生存更长的时间？——现在想起来，他估计还没到野外就得死了，肯定是被我这种癫狂的强迫症给吓死的。

我不得不承认，有时候我真的是一个特别低智商的人。我特容易认死理，虽然我一直告诫自己要大气，大气，像李小慧成为一个大气女孩那样成为一个大气男孩，可是那又是多么难做到的一件事情。

今年春节，他喝高了，带着一瓶红酒过来找我，指着我的鼻子一阵比画，我扶他走下楼梯。在郴州待的时间没有太长，趁家庭聚会时，我也叫上他一起，还有我表弟。饭桌上，我一直在教育表弟，表弟一直说是的是的，看起来特别想离开我之后重新做人。

因为有急事，我得先走一步，于是让水把我表弟送回去。

后来才知道，那天下午我表弟跟着他见了几拨朋友，水也从我的角度为我表弟好好梳理，规划了他的未来。我表弟甚至兴奋地要来了纸和笔，让水给他推荐一些好书，列一个书目。

我妈和外婆一直希望我把表弟教好，谁知道聊了一两年都没有什么大成效之后，水居然有本事把表弟教育得服服帖帖的。我很郁闷地坐在那里想这件事情的前因后果。水说：你放心好了，当年你教育了我，就要相信我也可以一样把你表弟教育得很好。

你看你，又帮我照顾我表弟，又帮我一起回忆过去，重要的是，无论何时你都不会生气，这些点，我都要向你学习才行。

记忆中，不久前上海下了一场很大的雨，我们走在复旦的校道上打车，你付了账，送了我两本书，帮我开了车门，招手说再会。

在回去的路上，我希望自己一直以完整的样子活在你的记忆里，等我又忘记的时候，还是可以来问你，重新过一次完整的人生连续剧。

## 写在后面　　　　　　　　　　　　2012/7/15

看到此处，我有合上电脑的冲动。深深地吸了一口气，书房里的薄荷长得很茂盛，所以空气中也有它的气息。我想，看这些文字的你们，应该也能体会我的心情吧。人生中，这样的朋友总得有一两个。于是我拿起手机把刚才想到的这些话给他发了过去，然后十分钟都没有回应。我试着拨了一下号码，发现此号码已不存在。于是我又恶向胆边生了，换手机居然不通知，现在的他显然仍缺乏社会生存素养……肖水同学！

## 写在后面的后面　　　　　　　　2025/4/25

这本书里，我提及的好多朋友都失去了联系，幸好我和肖水每年春节都会在老家见上几面。他后来考上了复旦的文学博士，现在在上海大学当老师。我们一见面就吵架，陈芝麻烂谷子的事情倒来倒去地说，朋友们坐在旁边哈哈笑。

阿辉有次很认真地说：我最喜欢看你和肖水吵架了，他说不过你，脸通红，各种抵抗，越说漏洞越多，他只要和你一起，就很好笑。

那么多朋友都走散了，为什么我和他还是朋友呢？

我曾经想过这个问题，大概是虽然我俩对于未来人生的规划不一致，但我们曾经住在同一个屋檐下，每天晚上讨论如何写作，交换自己新写的文字，纵有不同意见，也不吝啬为对方鼓掌。

我们是一起埋头跪在地上研究蚂蚁回家路线的人，是捉迷藏一起躲在灌木最深处，直到月亮当空，才发现自己是被伙伴遗忘的人。

人人都过得匆忙，已少有人跑到你家楼下扯着嗓子大喊你的名字了。

# 你的青春在哪里

2010/4/15

第一次觉得一个人的文章可以那么好看,那么好读,那么代表着一个人的潇洒气度和胸怀,完全是因为郭青年。

大一的时候,全中文系进行写作摸底。哲的标题是"论三国",我的标题是"碎花格子土布做的脸",啸东的标题是"棋王"。

第一次摸底,每个人拼了命在写,有人卖弄文笔,有人掉书袋,谈古论今,生硬造作。新生的第一次作文都是全院大阅卷,后来以《沧浪之水》一书获得当代文学奖的阎真老师也是阅卷人之一。纵使我们将自己写得痛哭流涕,我们班也只有一篇入选。好的消息是,虽然其他班级都有三四篇范文入选,但我们班的郭青年写的《青春》是全院教授推崇的第一名。坏的消息是,我们和他比起来就是毫无天赋。

说到郭青年。

大一我刚入校，正在安顿铺位时，听见对面的男同学用语速极快的外语在和家人通电话，完事后，朝我笑了笑，上床午休。我忙好之后，用宿舍电话向家里汇报。妈妈问我：宿舍同学好吗？我特意强调了一下：好的咧，还有一名外籍同学，不过我还不知道他是哪个国家的，但肯定是亚洲国家。泰国或者印度吧。

像我这种小角落来的学生，能够和省会的学生住一间宿舍就觉得赚大发了，有首都的同学就仰人鼻息了，遇见外籍同学简直就是一件特别隆重的事情，在接下来的几个电话中，一直在为此事进行推广。

等到苏喆从外面回来之后，我很神秘地问他对面的男生是哪个国家的，他看了我一眼说："湖南邵阳洞口。"

"他说的不是外语吗？"

"对，相比起我们的方言来，他说的就是外语。别提他的普通话了，他说普通话你会自杀的。"

《青春》也是一首歌曲，是我们大一时学吉他最先学的曲子之一。

"青春的花开花谢，让我疲惫却不后悔，四季的雨飞雪飞，让我心醉却不堪憔悴，轻轻的风轻轻的梦，轻轻的晨晨昏昏，淡淡的云淡淡的泪，淡淡的年年岁岁。"

院系里表演节目，苗苗作为主唱，穿了一条漂亮的裙子，即使唱得山路十八弯，所有人还是沉浸在氛围里。

以至于我在写这篇文章的时候，听着这首歌，还是能想到人手一把吉他坐在床边练习的样子，在活动中心邀请女生一起跳舞的情景，谁都不太敢和女生搭讪，最后只能男生和男生搂在一起转来转去。

"有小孩打着呼哨从门外经过，我和猴子躺在床上，一言不发。听着由远而近再远的哨鸣，内心一阵澎湃……"时间已久远，郭青年是不是这样写的，我也记不大清楚了，可是脑子里永远都印记着"小孩打着呼哨……"的那种场景，以至于后来我写的文章里，这几个字也常常出现。看他《青春》的心情，我依然记得，从头到尾，没有停留一秒，一气呵成，像内功高深的师父在帮着我们打通任督二脉。坦白讲，郭青年的文章让我第一次明白了什么才是好的文章。啸东看完之后，不停地说：这才是好文章，郭青年太牛了。

因为大家都说他太牛了，以至于郭青年后来就不怎么写文章了，剩下的几年都去钻研诗歌、吉他等别的能够释放天性的艺术形式了。不过他的文章写得一级好却已是不争的事实了。此后的三年里，包括我在内的中文系同学依然在坚持不懈地从书写不同的文章里摸索自己的风格，偶尔向郭青年请教，他也顶多是回你一句"嘿嘿"。因为即使说多了，他的普通话你也不一定听得懂，也就印证了好的东西永远都是只可意会不能言传的。

毕业了，宿舍的男生四分五散。啸东去了汕尾做警察，苏喆进了广州武警，江华去了长沙规划局，于鸿去了湖南电信，我进了湖南台，鲁梁留校，还有人去了政府职能部门。按道理来说，人生到这一刻，也就失去了往日的光彩，那些年轻的动荡至此就已结束了，谁也不期待彼此能够再活出什么翻天覆地的花样来。

郭青年选择去了新疆某所大学支教，教的是当代艺术，一去就是三年。偶尔会登录同学录，在同学们的婚礼照和全家福中上传几张他在新疆的照片，还有他最新的作品，抽象且随意，不变的还是他身上那股恣意放肆的性子。

每次他出现，大家都会在底下呼啦呼啦地回复，因为他是我们当中走得最快，跑得最远，状态最自由的人，他象征着整个班集体的自由。底下的留言是：等着我们过去看你；今年下半年我带着老婆去，记得迎接我们啊；明年我们春天约好了，一起去新疆会会你……

他的回复永远都是：好啊好啊好啊好啊。

然后，就我所知的是，从来就没有一个人去。没有人在这个紧张的社会上还能恣意信守自己关于自由的承诺，这未尝不是一种悲伤。

因为众所周知，郭青年无法继续在那儿待下去，只身驻扎过去，最后只身逃离出来，他在电话里说：差点儿连命都没了。他的普通话还是那么差！听起来让我很想微笑，鼻头很酸。

同学们常说很喜欢见到我，是因为我好像那么多年没有变过，他们看到我就像看到了过去的他们，谢谢我一直守在过去的回忆里。

和郭青年通电话的时候，我突然有一种很强烈的意识，他说话的语气、方式，就像大一的时候我看到的那个人，一直都没有变过。

现在的他在北京，到了北京一年多，安定下来，也终于找到了我的联系方式，前天在博客上看到他给我的留言:猴子，还好吗？我是郭珍明，到北京半年多了，在宋庄画家村，住农家院子，过乡间生活，做当代艺术，你有时间过来玩，这里是另外一种世界。祝好！

突然好想哭啊……哭的原因说不上来，你知道的，为了买房，为了买车，为了获得更多人重视，我和所有人一样，每天忙忙叨叨，忙忙叨叨，有了微博也不愿意再花一个小时写一篇博客，有了太多朋友连微博都不想写，书买来了放在床头或者洗手间一天看不上一页，未读邮件一大堆也故意装作看不见。在这种状态下，突然看见一个人叫我大学时的外号，那种坦荡荡的语气，直来直往的方式……

和微姐回家，她家的菲菲坐在后座上。菲菲12岁了，从微姐一无所有时就跟着她，直到现在。如果以人的年龄来比较，菲菲在狗里已经有80岁了。它坐在那里，很安静地坐着，微姐喊了一声它的名字，它站起来，把头从后座上靠过去，蹭了蹭，又坐下。

青春，就是这种东西，无论岁月如何改变，都以某种亘古不变的姿势存在，在不经意的时候提醒你，你的青春在这里。无论世事如何动荡和变迁，保持内心的那份无知、单纯、善良，因为那才是真正的我们。

## 写在后面　　　　　　　　　　　　2012/3/22

上次他留过言后，至今，我仍没有见到郭青年。我甚至不知道他的手机号码换了没有，也不知道他是否还是一个人待在宋庄的画家村，不知道他的画展是否成功举办。关于回忆，不知何时已经成为我们拿来力证自己童真与纯粹的工具了。一起围坐时唏嘘，散了之后又回到现实无动于衷。你流着热泪，如获至宝般的模样也仅仅限于谈起过往的时刻，于是，围坐着祭奠青春，早已成为大龄青年雷打不动的周末消遣。我们没有看望过老师，没有联系过同学，没有回过母校，没有时间和兴趣拨打千方百计寻来的同桌的号码。一切都是祭奠的形式，死去的青春化成灰也埋葬不了如今寂寞的单身。所以，说谈就谈的恋爱，说走就走的旅行，才显得尤为珍贵。那是我们避免灵魂僵直最好的方式。

## 写在后面　　　　　　　　　2012/10/10

　　回家过了一个国庆，回来写了一篇微博：见了很多同学与老友，喝了很多很多的酒。以前我也想，等到毕业一年、三年、五年再见，但其实过程中很多人就断了联系。所有现在能见到的朋友都是见一次少一次，你甚至不知道下一次再见的时间，所有少年相约的承诺在未知命运前都只是当下的安慰。总有一天你会明白：有些人，有些事，一时错过，就是一世。

## 写在后面的后面　　　　　　　　　2025/4/25

　　这篇文章写于 2010 年，十五年后，文章里提及的所有同学都还在联系。

　　有人在广州干得风生水起，今年被集团派去管一个老字号烘焙品牌，会和我讨论市场营销相关的问题。

　　有人成了一所师专院校的校长，我在他们开学的时候去做了一次分享，当然也没有忘记分享当初这位同学的糗事。

　　有人的事业经历了一点儿波折，好就好在，波折后，似乎看清了人生真正的幸福是什么，并投入其中。

　　有人拖家带口想看某位歌手的演唱会，却抢不到票，只能问我：猴子，那个票你可以帮我买一下吗？我当然说行。

　　我甚至上个月去了汕尾看啸东，2003 年毕业后他就去汕尾工作了，二十二年后，我第一次去看望他，我不仅是去看他，我也想看看他在汕尾认识的那群朋友，想去看看没有我们这些老同学的日子，都是哪些朋友在陪着他。

　　郭青年渐渐少了联系，但一直听到他的消息，他在他的世界里跑了很远，远到我已经追不上了。

　　有时候也会觉得"人啊，过了 40，是不是就不行了"，但我看看我的同学们，依然风华正茂着，就觉得自己也被感染了。

　　虽然我们中文三班大一时作文大赛输了，但我们班可是整个中文系毕业后聚会最多，最活跃的班集体呢！

# "大家加油!"

2010/6/1

2004年的今天,我带了一个皮箱到北京,心无挂碍。最不济最不济,我再回去,回到生活了十八年的那个城市。

六年后的今天,我看着七十三平方米满屋的东西,满心悲怆。六年的时间,经历了种种人际的混战,朋友的伤害,或用身体死扛或被他人中伤,我终于建立起了自己的堡垒。

今天在化妆间有人说:他们说你昨天说……他们说你提意见说……砍头砍尾的说法,换作我以前早就理论了,现在我可以完全把这当成一个笑话。

以前去解释,去理论,是怕,怕自己得罪人,怕自己被人灭了,怕那些无聊的小感受。

现在不去解释,不去理论,还是怕,怕浪费自己的时间,怕自己模糊了焦点,怕影响了品尝现世生活的胃口。

六年,变了一些,也什么都没变。

一个皮箱滋长成了一片小的热带森林。一位少年成了一个死皮赖脸的伪中年。

以前，每天按时更新博客。如今，每周按时更新博客。

以前，每天幻想未来的生活。如今，每天回想过去的每一天。

以前，很难交到一个真心的朋友。现在，真心地去交每一个值得交往的朋友。

以前，要说很多话才能试探继续再次相约。

如今，说对一句话就能闷头喝下一整瓶酒。

以前，认为自己什么都不打扮还挺帅的。现在，认为自己打扮打扮还挺帅的。

三年前，几个年轻的化妆师跟着他们的老大，做节目的化妆助理。

今天，那几个出去摸爬滚打的年轻化妆师终又回来正式接手整个光线的造型和化妆。看着一群熟悉的"80后"挤在化妆间忙碌，楼下一百家媒体等着郭富城，等着舒淇，等着张静初，等着吴京、邹兆龙、陈木胜。小璐拿着对讲机说：《全城戒备》媒体见面会还有一分钟开始，大家加油！

无论再过多少年，我都会喜欢那种"大家加油！"的口号。

## 写在后面　　　　　　　　2012/10/11

下午在公司开会，偌大的会议室里挤了两百号人。月底公司会进行创意大典，这是公司每两年举行的一次头脑风暴。作为公司最重要部门之一的电视资讯事业部当然不能输。我和丁丁张进行了十分钟的动员，然后对大家说：大家加油！所有人谈笑着走出会议室，感觉真好。

## 写在后面的后面　　　　　　　　2025/4/25

现在啊,"加油"这个词好像随口就能说出来了,一点儿感情都没有。

像交际,像应付,也像为这一次的交谈画上句号的方式。

我说的"加油",更像是一次细细的梳理,有人将前方的路全都画在黑板上,每个人都明白自己的位置,知道自己要做的事情,"加油"更应该是一触即发的口令,是那根燃烧着扔进汽油桶里的火柴。

这样的加油才有意义,我也很怀念当初有人给我的鼓励,同样我也很怀念当初自己给同事们的鼓励,只是后来大家越跑越快,大家对"鸡汤"越来越不感兴趣,都想来点实际的,更实际的,别"叭叭叭"的。

于是现在就成了"没人想听,也没人想说"的干巴巴的现实。

到了我这个年纪,我依然很希望在自己困惑的时候,有个人能过来告诉我:"刘同,你应该这么做……"我听明白了,很开心,对方说:"那你加油!"

但现在已经鲜有这样的人了,我的领导太忙了,每天要面对几百个我这样的人,我只能自己给自己加油了,想起来还挺遗憾。

# 活在自己的世界里

**2010/5/18**

"别谢谢我,这是你应得的。"

如果不是宣谣说了这句话,我也许根本就不知道什么是自己应得的。双鱼座的我,习惯了自我纠结,习惯了忍让做nice(友好)男,习惯了自我疗伤,躲避难堪。

我活得很乐观,比大多数人乐观,所以我一直都对新朋友说,什么累什么苦什么难过那些都不算什么,所以我才能永远记得那些苦中的乐,便不以为苦了。

我也曾一个人戴着耳塞,绕着生活了十几年的城市潜伏步行若干圈,听到悠扬旋律也会哭得胸膛起伏不定,站在十字交叉的路口,看着初恋对象残留在人行道上的影子,蹲在操场上看运动员都渐渐散去,天色也从湛蓝变为昏灰,从昏灰到漆黑。

比起飞机来,我更爱坐火车。在安静的卧铺车厢,坐在走道的窗边，吹着冷气，听着熟悉的乐曲，无论是曾经后悔的，还是爱过的，内心都轻易便充盈起来。

有些歌如同时间一样，是能够流逝，与生命并存的。

正因为很少与人分享，所以自己也就成了一个巨大的垃圾桶搅拌机，亏得这些年用了足够多的脑筋，才能把这些垃圾一点儿一点儿地归类，终形成自己的图书馆。再遇见对应的问题，直接进入书目找到当初的应急做法。

以至于遇见那些因为冲动而做出出格事情的人，我总是会在心里默默地叹息一声。幼稚的年纪早就过去了，我已经不在意被友人称为伪装得可怕，道行特深，耍纯情，或者别的什么了，我太清楚自己了，清楚到我也不需要任何人告诉我"你必须怎样，你不能怎样，你还能怎样"。

如果有一天，你终于如同我一样知道如何让自己更自在，那一天，我们才能像个大人一样地对话。我活在自己的世界里很舒服，我也知道谁会让自己的世界更丰富，可你进入我的世界之后，却对那些我花了多年时间成就起来的建筑进行定点爆破，理由是它们不适合你。

可你又适合它们吗？

还只是在一个虚拟的世界里，写不进我们的教科书。

我是把自己看得很低，但并不代表你就可以把我看得很低。我看我和你看我是两回事，所以请不要自作主张拉近咱俩的关系。

微姐常说：有时候不见你就不舒服，可是见到了也不想说什么，点东西，吃东西，喝东西，结账，上车，把你放在小区门口，然后走人。有时候，人就是需要自我精神世界里的一个不可或缺的摆设。我的世界只有我一个主人，如果有一台洗衣机某一天突发奇想，想成为我世界的主人，看我不拆了它。

补几句：

A：我出差太辛苦，你今天继续托梦让我梦到你吧，这样我才不会孤单。

B：你太折腾我了，我跑过去太远了，昨天已经被累死了。不如我们取个中间的城市吧，找个陌生人的梦见面，让别人梦到我们吧，大家都不累。

好动人的对话，和谐社会就应该过这样的和谐生活。

# 写在后面　　　　　　　　　　　　2012/10/10

看，都忘了最后这段对话的主人是谁了。当时记下来的时候一定是觉得巨甜蜜吧，两年之后，谁又记得谁说过些什么呢？没有谁离开谁就不能活，不能活只是你觉得自己受了伤害，你要用对方堵住伤口而已。其实你的伤口在你这些年不断受伤害的过程中,早就学会了自我愈合。也许你脑子里还有念念不忘的惆怅,可你的心里早就放下了。也许你嘴上还会絮絮叨叨地说你爱着谁,可你的伤口早就愈合,你都忘了伤口在哪儿了。

这就是这个年代的我们。我们比自己以为的更容易受伤,但我们比现实的我们更容易承担。

## 写在后面的后面　　　　　　　　2025/4/26

既然是垃圾就应该扔掉，不应该留下来，分门别类列成目录。二三十岁的我，觉得自己很强大，什么都能消化，低估了外界负面情绪一点儿一点儿的渗透力。所以我42岁的时候写出了《等一切风平浪静》，我把人生中所有的糟心事都比喻成海龟背上的藤壶，在海龟看不见的地方越长越大，越来越重，渐渐地让海龟进入慢性死亡。人也是如此。

海龟能幸运地遇见水手帮它们清理藤壶，但我们人呢？

我们只能靠自己，找个恰当的时间和地点，在一个没有人会伤害到我们的地方，将壳卸下来，自己一点儿一点儿拆掉这些越长越大的垃圾。

# 我爸爸

2010/5/7

五一回家。爸爸很早就给我打了电话，问我安排，然后说要带我去一个村子打鱼、拔笋。

我和我爸有一个共同特点，特喜欢走在陌生的地方，有山有水更好，一路走过去，一句话也不说，一步一趋，是我心目中的父子关系。

而他也开始喜欢上了给我安排回家的行程，上次带我去了一趟有五百年历史的古村落，然后站在村头跟我和朋友们分析风水，哪里是空旷的地，哪里是盘旋的河，村落里出了多少状元，村落的格局如何如何。每次他跟我说起这些，我就很认真地听上两句，越说越深奥时，我就扛不住了，蹦蹦跳跳拿着相机四处拍照了。

我爸叫了两个家族的兄弟一起到村落里，去的村落离郴州不过几十公里，从进山开始也只花了半个小时，山路左环右绕，青葱怡人，再转一个弯，景色变幻大有不同。

我妈把车窗打开,说:这里空气好,赶紧吸几口,北京哪有这么好的空气。

不知道从什么时候开始,我妈很喜欢让我占便宜,各种各样的便宜都让我占,一切都是因为平时我没有时间,而现在有了,赶紧捎上点儿。以前我会觉得我妈特无聊,现在我想,如果我是她,可能会让我的儿子把土都挖一些带回北京去养植物。

前段时间看完关于自闭症小孩的纪录片《远山远处》,我在想,如果我有一个自闭症小孩,我是否能够为他颠覆自己既定的思维,像纪录片里的父母带着小孩去蒙古,求助他们都不了解的萨满巫术?孩子的父母为了治愈儿子的自闭症,被萨满法师用鞭子抽打得浑身是伤,他们不明白这样做的意义,但是仍然忍了下来,一声不吭。我不敢肯定我会这样做,但是我肯定如果我有自闭症,我父母会这么做。

坐在车上,更是这样想。

表弟背着电箱在小河里捕鱼的时候,爸爸提着桶在旁边拾。他说他小时候就常常这么干,还说以前有人失手把自己电死了。他说的时候,再也不像以前那样,说到什么就希望我记住,于是扭过头来看着我说。比如以前上山采药草,他会凑近我,给我看各种植物的脉络,说它们有什么用,我什么都记不住。而现在,他自顾自地说着,反而他说的每一句我都记下来了。

他教我拔什么样的笋,教我怎样把外表的皮给剥下去而不伤手。

我已经29岁了，走在爸爸后面，爸爸专注地看着河里被电击晕而漂浮上来的鱼，指挥表弟去捕捞。我对爸爸说：我来背电箱吧。他说：这个很重，你背得动？我直接就从表弟身上取了下来，背了一路。

我把电捕鱼的事情发到了微博上，好多朋友问我是什么感觉，只听说过，没自己捕过。我就很得意地说起来。

回到北京，翻阅着这些照片，心生感触。我爸也快60岁了，五十多年中，他走过很多路，看过很多风景，体验过很多生活。我这近三十年的生命，每一年每一月每一日都充斥着他双眼看过的一切。

我身体里流淌着他的血液。

他在我身后扶着教会了我骑单车。

他托着我教会了我游泳。

他给我传球教我三步跨栏。

他告诉我牙疼应该买甲硝唑，同学生了病说症状他就给我们开药方。

他带我去打猎，看原始地貌，陪我去漂流。

他告诉我如何看风水，带我去饭店的厨房看大师傅做菜。

他给我做陀螺、简易滑板，也教我玩牌时如何算牌（哪怕他自己技术挺一般的）。现在他还教我怎样用电捕鱼、拔笋。

他给了我整个人生还不足够，还不停告诉我如何思考、如何进步、如何实现自己的价值,然后,他分享了每一种他学会的技能,他曾经因此而获得快乐的每种体验。

如果我是我爸,我能做到他的一半吗?

今天采访的张洪杰老师说:我老伴儿有脑血栓,我常常逗她,说我下辈子躲起来,不让你找到。她就慢慢地喘着气说:躲起来我也把你找到。我希望下辈子我们还做夫妻。

而林申看着李小婉说:不知道是不是《圣斗士》看多了,我一直觉得我妈是雅典娜,而我是星矢,我会一直在她的身边守护她。

每个人都很幸福地生活着,我觉得我幸福的原因是,我终于完完全全体会到了和他们待在一起的快乐,尤其是当我爸看到我也喜欢捕鱼,而我妈看到我帮她拔笋的时候。

## 写在后面　　　　　　　　　　　2012/6/29

我真是一个好儿子。

## 写在后面　　　　　　　　　　　2012/10/10

他真是一个好爸爸。

## 写在后面的后面　　　　　　　　2025/4/26

随着时代的发展，现在电鱼已经被明令禁止了，即使在村里的小溪或自家鱼塘也不行。前些年我在老家拍摄电视剧，其中有一段剧情是主角要带朋友们上山，看见任何植物都要解释植物的名字和疗效，我爸提前一天踩了点儿，沿途找了十几种植物，一一解释给我听。在一旁做记录的同事很羡慕我，说：叔叔好厉害啊。

我很得意：那可不。

小时候我没有觉得爸爸厉害，反而年纪越大，越能看到爸爸身上厉害的部分。

那就希望我也能像爸爸一样成为一个好爸爸。

# 你别走到一半，就不走了

2010/5/11

我的星座是双鱼座。

年轻的时候会不喜欢承认自己的星座，不知从什么时候开始，这个星座又成了我愿意常常提起的词。是啊，善良，容易相信任何人；细腻，察觉到一切对自己不好的因素，还要装作无所顾忌；坦然面对所有事情，明明心里难过得要死，还要死撑着安慰别人说没关系。

人和人之间，总是以相同点而结缘。相同的年份，相同的区域，相同的熟人，相同的爱好，若是再好，还有相同的藏书，热爱过同一首歌曲，追过同一个歌星。

因为经历过不同的人，说过很多不一样的话，要让两个完全不了解的人接受彼此，必须花长时间交往，一点儿一点儿试探且共同经历，才有可能达成某些方面的一致性。因为有了一致性，才有好友这一称谓。

所以当我们遇见稍微有一些与自己类似的人时，便激动得不能自已。因为你不用再解释当初看那本书时为何会泪流满面,因为对方和你一个手势便能知根知底。你也不用在QQ上强调:对不起,我不喜欢刚才你的那个语气助词。然后对方还觉得你特矫情,特无理取闹,特小肚鸡肠,特莫名其妙。

连一个"哦"的用法都能够说上个一二三四五六七的相同感受来,你不禁撑着头在电脑这头沉重了起来。

我喜欢酒吧的你们是因为大家对人特豪气,说一不二。我们都冲动,都意气用事,都以认识彼此而觉得人生特带劲。我喜欢阳光般的你们,是因为大家内心都有一块不被触碰的禁地,只是对彼此开放。我喜欢比我年长的你们,是因为你们常常告诫我很多你们经过多年才得出的结论,你们说得出我犯过的每一个错误,同样也能告诉我我的每一个优点。我喜欢我的父母,是因为每次和他们理论,他们都会安静地听我说,然后默认我的态度。我也喜欢和我共事的你们,因为你们常常让我觉得生活很美好,皆因我们相信正确公平且善良的方向。

我们皆在奋斗,我们沉迷于每一次集体聚会,芭提雅的沙滩上一前一后的脚印,湖南环水小岛上月光下的谈心,大排档的喧闹,临街的加班晚餐,只因为有同样的你们在一起分享和继续。

可人越是成长,越是担心这样的关系会猛然断裂。

曾经死铁的关系决裂了，我问过自己：如果我们是亲人的话，是不是还有恢复的可能性。答案是肯定的，可惜，我们并不是亲人，所以没有先天的保护。哪怕几十年后，我们终于有一天认识到自己的错误，因为亲人的身份，我们可以低下头，可没有，于是再要好的关系也只能选择下辈子再见。

所以之后，变着法子把自己认为要好的关系都变成亲人。我有无尽的底线，我有超级好的脾气，我可以忍受一些不满，只因我一直把你当作亲人，所以请不要浪费这种信任。

朋友说：我们都是独生子女，比别人更渴求有从小生活在一起的兄弟姐妹，只是谁又真正了解兄弟姐妹之间的关系呢？他们的关系真的如我们所想的那样和谐？那样无私？那样亲近吗？无非是一座围城。

所谓良缘是两情相悦，如有金玉为伴，才算得上是锦上添花。所谓朋友是机缘相识，若有无尽相似，才算得上是血浓于水。

把每一个朋友都当作可以成为血浓于水的亲人交往才是真正目的。有时，你们花了十年时间共同成长，蓦然发现，那个被你称为极像亲人的人，却早已站在前方等你，第一句话便是：怎么才来？我已经在这里等了你十年。

## 写在后面　　　　　　　　2012/7/31

　　这一年,认识了一个很重要的朋友。我们称彼此为镜子。他总是让我反省自己,然后总结:他才是一个很靠谱的双鱼座。一晃两年就走完了,我们总是一致的。在很多年之前,也许我也想成为他那样的人吧,就算是站近了看,他也透明得没有折射。我总是说,轻松一点儿、轻松一点儿,后来发现,我们在一起时,他才有旁若无人的轻松。
　　真正的好朋友就是一个灵魂活在两具肉体中。

## 写在后面的后面

2025/4/26

　　这个朋友叫陈默,我俩依然是好朋友。

　　当年我还真是很敢写,虽然现在看起来怪羞耻的。

　　羞耻就羞耻吧,如果当时不这么写,都意识不到这个朋友的重要吧,也许没了就没了。

# 把每一秒当成一辈子来过

2010/7/17

你的 iPod 放在我这里已经两年了。

从未碰过。

偶然翻出来,想起当初你交代我要拿去修理,把弄之间,发现机器里仍有电量。耳塞的部分是不行了,听不到音乐,当时你也是这么说,所以把你的 iPod 交给了我。

看着目录,很多曲目我没听过,那是你每日必听的歌曲吧,我想。我拿出专属音响,把它的底座插在了上面。

Jim Brickman(金·布瑞克曼),我没听过,他的音乐之后,是陈奕迅的《无人之境》。两首曲子连在一起,莫名好听。这样的搭配在我的世界里从未出现过。

后来,就这么着,一直听着你的音乐,脑海里也就慢慢浮现我所不了解的你,在什么样的情况下才会听那么安静的音乐,在什么情况下才会听那么伤感的乐曲。

你问我了解你吗，如果是以前，我会说了解。

你的性格、脾气、习惯的思维方式、失落时去的地方、我过生日你会送的礼物，我不用思考也知道答案。

可是我听了你的音乐之后，你再问我这个问题，我会愣一下，之后回答：或许不。

这个我从未了解过的你的真实世界，才是完整、独一无二的你。我所了解的那个你，只是在面对我时才有那样的思维、那样的反应、那样的节奏和表情。我所了解的只是应付着我的那个你，而不是真正的你。

瞬间，我突然明白，很多人无论过了多少年，遇见旧知己，还是会不屑地说：反正你是一个怎样的人，你当年……之类的话。

其实这些话现在看来一点儿意义都没有。我一旦离开你，当下的我就不是你以为的那个我了。因为当时我在乎你，我才显得那么卑微、那么敏感、那么热切期盼。可一旦失去那种在乎，你是谁都与我无关，当初我的种种其实都是泡影，也是虚幻，更是烟火，不必一直记在心里，假设成为我人生的结局，那样终究对你不好。我比你想象中的总是会更精彩。

昨晚和大家一起看了《离爱》大结局的粗剪版，哭了三遭。最后番茄从过去寄向未来的信写着："相爱太短，而遗忘太长。生命太短，而思念太长。牵手太短，而行走太长。相拥太短，而冷却太长。亲吻太短，而回味太长。相遇太短，而守候太长。"

生命若总是存在那样的悖论，我们就把每一秒当成一辈子来过。

## 写在后面　　　　　　　　　　　　　2012/10/11

现在看来，很多人包括自己就是那样，好起来时，温顺得不行；翻脸时，完全成为另外一个人。以前的人是逐渐变化的，好歹有个变的过程。现在的人是直接死机，连个招呼也不打。其实我也知道，越是翻脸不认人的人，越是重感情的人，因为控制不了重逢的想念，所以不如抑制涌起的杂念。越是能过渡平和、谈笑如昨的人，你在他们的心中也不过是个过客。你们就恨我吧，谢谢你们还记得我。

## 写在后面的后面　　　　　　　2025/4/26

　　看着看着，我很羡慕早些年的我，情感也太充沛了。啥事都能写得弯弯绕绕，写得痛彻心扉。我想肯定会有读者有同样的感受，你问我会不会为年轻的自己感到羞耻，会咯噔一下，但不会羞耻，因为这样的东西我再也写不出来了。

　　不仅写不出来，就算还能写，我也只敢写自己，不敢写别人了。

　　突然觉得《谁的青春不迷茫》这本书有很多的意义，不仅是让读者了解到我这些年的改变，同时也是一个自我解读的过程。

　　"你看，那个刘同也是那个鬼样子，我们这样有啥啊。"

　　如果能起到这样的作用，那我就太开心了。

# 仇人让我活得更带劲

2010/8/9

有时候会想,为什么我的某个朋友会和另外的某个朋友是仇人呢?或者也会想为什么我的那个朋友会和我的仇人做朋友呢?

我也很明白,在即将30岁的我心胸里居然还有仇人这个概念,简直就是幼稚到家了。别说谁会问我这个问题,那些但凡以为自己是个伟人的人都会这么说。

他们维持着这个世界的和平,他们活得一尘不染像神仙下凡,他们是人类标杆,是人生灯塔,是进步的春药。

装×的人是不会明白仇人这个概念的。其实我又是多喜欢仇人这个概念。因为有了仇人,我才会有前进的动力,觉得一定要比仇人生活得更好,才有意义。对我而言,仇人才是标杆,仇人才是灯塔,仇人才是春药,仇人就是我的心肝、我的命。没有仇人,每天的生活索然无味,天下太平,总得生出点儿什么事来才行。

仇人其实也未必是仇人。"以人为镜，可以明得失"里的这个"人"，多半是仇人。以对方为镜，自己得到了，对方必定失去了很多。如果对方得到了，自己失去了，两个人的关系必定不怎么好。总之，两个人肯定不是朋友了。

其实等再过几年，那些仇人又都成了朋友，再谈起以前的那些看不惯，必然也会哑然失笑。

最近给张爸发了短信，他从来不回。自从他和老婆回到了福建生孩子就没了音信。

记得他刚来管节目部的时候，我和小曦哥商量不能和他合作，因为他挤走了时任老大的祖老师。于是每次开会我们都不发言，他下达的指令也不执行，想起来啊，幼稚死了。即使是这样的做派，也没阻止后来他和大家情同家人。

总之，每个阶段，我都是需要一两个仇人的，这样活起来才带劲。

## 写在后面　　　　　　　　　　2012/10/11

年轻的时候，总把人生过得像电视剧，每集都想有一两个高潮，最后都以自己获胜结尾。起码，现在看起来，前段时间的我是过得热血饱满，全当人生有镜头在拍摄似的。现在的我似乎又在印证另一个事实——人生不用非得找到竞争对手，只要你做好了自己，突破了自己，打败了你以为的那个自己，你就不可能还有对手。一个打败了自己的人，怎么可能会输给别人？

突然想到了周伯通的左右互搏，然后心里发出一声：哦。

# 写在后面的后面　　　　　　　2025/4/26

以前对自己不喜欢的东西咬牙切齿，现在对自己不喜欢的东西毫无兴趣。

不要为任何自己不喜欢的事情花时间和精力，是对自己最大的负责。

为什么我的态度突然改变了呢？

因为现在这个时代信息量太大了，你随时就能看到令自己不爽的东西，如果你会被这些影响，你的人生就没完没了了。

以前吧，大家生活得简简单单，网络论坛自媒体都没有那么唾手可得，你不主动去探求，没有人会喂饭到你嘴里。现在你打开手机，扑面而来的信息令人窒息。

保持不感兴趣，才是保持独立完整的我们最好的方式。

# 过程是风景，结果是明信片

**2010/11/9**

他们喝1982年的酒，是因为他们又想起了1982年的那些事。无论世事如何过去，红酒带着它的香气凝固住了时间。微醺，是一个很妙的词——他说。

上了三层锈迹斑斑的铁梯，推开一扇皮质包裹的紧闭的门，再上两级阶梯，人和人挤在一起，在吧台特制的光源下，每个人手中的酒杯成为唯一的指引。

一次午夜的聚会，有人喝了几杯仍保持着底线的清醒，有人小酌几口仍当作出席一次公关的交往，也有人从陌生到热烈，拥挤中不堪地落下了一地尴尬。

后来就不知怎么讨论到了人生。

然后在忘记时间的过程里，他说诱惑、威胁、绝望是组成世界的三要素，说新陈代谢是指引人前进的唯一动力。还说了很多，那些因为酒精而蒸发出来的脑子里的独特味道。

躺在高脚椅上，打量这个被称为"王家卫"的酒吧。不同年份的酒精被蒙上不同的色彩，封闭在了不同的酒瓶中。后来起了一些争执，他说：喝下去的是时间，蒸发出来的是故事，沉睡过去的是背叛，唯一记得的是眼神。

于是，我突然想起当年听《过眼云烟》的自己。

许多年过去了，渐渐学会了随性而行，尊重内心，获得慰藉，仿若新生。

某个听师父讲经的晚上，我有些不耐烦地说：为什么你们说的那些我都不太明白，既然你已知道这个世界是由形形色色的公式构成，何苦浪费那么多时间再去一一解释公式。而我，只用自己的公式解构一切。

他说：所有的信仰，最终都是信仰内心的那个佛。那是另一个你。

所以我很喜欢最近看到的一句话：我的精神分裂症已经好了，我和我都挺好的。

我和我都挺好的。

找到并控制，交流并沟通，找到你生命的另外一个你，独立于你主观世界的另一个客观的你。那才是你的宗教和你的信仰。

"人们怀有某种崇高而单纯的思想，这使他们皈依同种宗教。造成诸教派区别的总是某种基本的添加物。各种思想越过了时代鸿沟，以毫无偏差的共济会礼仪互相致敬。"或许某种崇高而单纯的思想便是另一个真我。

简而言之，如果你连自己都认识不清楚，控制不了自己的情绪，把握不住自己的行为，发挥不出自己的隐忍，反而抱手于胸，聊着某个你并不了解和熟知的人，在上帝看来，多少会觉得有些好笑吧。嗯，确实好笑。

你说其实我也不过如此。

那是因为我们都不过如此，所以才一直向往着那个方向不停追逐。太阳在前方，是隔着距离接受恩泽，还是像秃鹫一样迎着太阳飞，身体融化在太阳光里，世间都找不到任何它们的尸体。

写到这里很想和你分享一首歌："……离开世界之前，一切都是过程。活着不难，最难的是做人。在移开的眼神里，代表着默认。这一切过程，我们曾经爱或恨，那些以为是结果，其实是每一站，每过一站，不断开始着每一段。每一晚，每个抉择没选的每一半，都在疑问你有没有遗憾。你没有看过的陌生的脸，更热或更冷的水，更软或更狠的嘴，更深刻的，怎么体会？谁的眼神最深邃？怎么体会？哪种笑容最珍贵？最忘不了？什么事是你最放不掉？忘不了的黑暗，忘不了的光，忘不了的安心，忘不了的慌。正经历的人们哪，那都是过程……我们把希望寄托在道路城市，精神寄托电影音乐文字，人们记录着，他们说的真实。如此，你只知道结局的故事。写下结果，因为人们爱追溯。省略过程，因为时间爱催促……每个看过的你，每个散落的你，被捕捉在底片……于是过程是风景，结果是明信片……"——蛋堡《过程》。

你看，如果我们这样继续人生，人生大抵也就只能如此反复，甚至还不如被写成歌词来得精彩了。我们可以把公式写在纸上，把排名写在纸上，把经验写在纸上，把自以为是写在纸上，把纸做成孔明灯，然后把它点掉，仰头，看它们如何飞走，谁捡到就是谁的，反正和我们无关了。

而我们已然失去脑核的两个人，便可以在这个世界上横行霸道了。嗯，老霸道了……

有句话很作，但是我很喜欢，可以算作今天日志的结尾：我喜欢仪式开始前寂静的教堂，甚于喜欢任何布道。

## 写在后面　　　　　　　　　　　　2012/3/22

直到今日，我仍喜欢偶尔在平静叙述之后，加上自己的肯定，无法四处获取他人的赞许，只能变着法子让自己支持自己。以至于在看过去文字的时候，我常常会冒出一个略微稳重的男孩抚摸略微顽劣男孩额头的画面，然后前者总能用他的方法搞定后者。那是一直存在于我成长中的画面，只有等到这个人变得稳重之后，这两个男孩才会成为一个人。但我想，那一天也许永远都不会来。

## 写在后面的后面　　　　　　　　2025/4/26

　　看完这一段文字，我想起自己人生中有一段时间很喜欢去北京各种清吧，喝上两杯，和陌生或不陌生的人聊天。喝了酒的人，说什么都似乎很有自己的逻辑和道理，像做梦一样，没有破绽。

　　我很怀疑自己写这篇日志的时候是不是已经喝醉了，但我喝醉了，怎么又能写那么长？那年我马上30岁，内心极度恐慌，每天思考人生的出路，经受各种灵魂震荡。

　　觉得自己不够优秀，挣不到钱，爱好也不足以支撑住未来，事业也毫无起色只能当一个很好的部门管理者，所以写下来的东西似乎另有所指，实则神神叨叨。

　　意识倒是流畅，但阅读起来十分磕巴。我想这时的我，一定很痛苦吧，文章里提了一句"我的精神分裂症已经好了，我和我都挺好的"，我觉得大概是从那个时候开始分裂出了"我"和"我"，导致了此后十几年我的困扰。

　　我有十几年活在"自我"和"本我"的对抗里，直到42岁这两个人才达成一致，渐渐统一。

　　这个过程在《等一切风平浪静》这本书里详细书写了，这里不再复述。

　　这种割裂破碎的文字，比有逻辑的长篇大论更能让我理解和了解自己。

# 了解自己才会有好人缘

2010/11/29

想起那些一个人的日子,用电脑写了很多字,问了自己很多问题,然后一点儿一点儿书写,慢慢地整理出头绪,不停地发出:哦,原来我是一个这样的人。

我曾经发现我太好面子,我曾经发现我太怕失去某个人,我曾经发现我过着过于仰人鼻息的生活,我曾经发现自己原来很势利,我曾经也发现自己长得真的很难看,我曾发现自己真不是那种可以走掉书袋路线的人,我曾发现我真的喜欢耍点儿小聪明,我发现我曾经滥用以及透支亲人们对我的信任。

正如后来我也发现其实我挺顽强的,我发现其实没有什么事情可以为难自己,我发现原来自己豁出去也可以那么不要脸,我也发现其实我是有一点儿诚信的,我发现慢慢地原来自己也有一点点口碑。

过去,计较任何人背后对我的非议。现在,你指着我鼻子骂我，我也可以脸带笑意。

有朋友说：为什么你现在可以变那么多？谁帮了你吗？

是的，很多很多人帮助过我。

可最重要的那个人是刘同。

我们总是在乎自己在别人眼里的形象，急着去了解只见过两三面的陌生人，私下八卦和自己没什么联系的人。可这些人啊，连自己都不怎么了解，反而急着了解别人。

所幸的是，在过去的几年中，我常常处于独自的孤独中。于是我最好的朋友只有自己，睡前的写作，闭眼前的回想，一天又一天让自己渐渐看到了自己的虚荣、自己的自私、自己的缺点、自己种种不为人知的隐私和恶念。每次我很难过地接受"原来我真不好看""原来我真不是什么文化人""原来我真没什么资本""原来有时我真是娘得要死"这些结论的时候，我的心情down（低）到谷底。别人骂你，你还能反驳，自己骂自己，连反驳的机会都没有，只能接受。

可也正是这样，从某一天开始，我突然觉得自己不那么在乎别人的说法了。因为，我是一个什么样的人，我比任何人都清楚，我多好多差，早在你们发现之前，我基本就发现了。所以我不会再患得患失于旁人对我的指责，而是迅速改进，迅速纠正，迅速弥补。

人在成长的过程中，最大的难题并不是朋友对自己的误读，而是我们死活不愿意承认朋友口中的那个自己。朋友眼中的那个你，和你眼中的自己并不重合，这个才是阻碍我们变得更好的重要原因。

所以，我身边亲爱的你们，多花一些时间了解自己，少花一些时间在应付他人身上。因为最后，能够给你提供最有利帮助的人，除了你自己，没有别人。

## 写在后面 2012/10/11

如果说高考考入湖南师范大学有了方向是我人生第一次升华，进入电视行业有了具体目标是第二次，那么这一篇日志的完成，意味着那时的自己大概已经知道自己是谁，已然升华到了人生第三阶段。临近30岁才大概明白自己是谁，真是一件辛苦又值得欣慰的事。

虽然这些观点并不是完全适用于每个人，虽然即使有了这些观点，我仍然会偶尔生气，但对我而言最好的作用在于——即使你不想抗争了，这些全是你说服自己的退路。

## 写在后面的后面　　　　　　　　2025/4/26

哈,这篇文章写得可真是好啊。怎敢如此大胆!!!我因为这篇文章而想隔空拥抱一下自己!

那段时间的我应该是一把撤掉了身上很多的荆棘。人生到了30岁,每天考虑的问题就开始现实了起来:什么才算朋友?人要不要自私一些?如果事业还找不到方向到底要不要成家?什么样的人才算是能走下去的人?未来是要留在大城市还是趁早回到家乡软着陆?我现在做的行业到底有没有我的容身之所?我有比别人更擅长的地方吗?

这些问题其实早就存在了,只是我总觉得自己还年轻,刚出社会,还不用给自己答案。可日子很快过到了30岁,我开始每天恐吓自己:一个人到了30岁,就只能选择一条不归路了,我现在这条路到底是对的还是错的?如果我再不给自己答案,一味地黑不提白不提,那么黑白不提将是我未来的人生路,造成了任何后果也是活该。

因为每天都过得很焦虑,我决心对所有关系做一次梳理,无论是亲情友情还是爱情,该断的断,该说清楚的说清楚,该说再见的说再见,我必须明确几个答案了。岁月会强迫我们交卷,无论试卷上是否有了答案。

我没有自己想象中的好,也不如自己想象中的差。但只要我比自己想象中更真实地对待自己,我就不会跑偏。一晃十四年,这句话依然适用。

○ 慢慢地越来越明白，慢慢地越来越了解自己。
想感谢每一件给过自己鼓励的事，
想报答每一个给过自己帮助的人。
无论我们多大，只要我们在奔跑，
就都处于期盼未来，挣脱过去，当下使劲的样子。
会狼狈，会潇洒，但更多的是不怕，
不怕动荡，不怕转机，不怕突然。

*30岁*

*那时的我认为*

相对于我们的选择,一切结果都显得无关紧要了。

在生活的每一个瞬间,我们都是我们想要成为的人,而不是曾经成为过的人。

所以,我便及时地把所有当下的幸福打上一个又一个标签,以便于为某天的沉沦做准备。

那时,陷入苦海之中,双手在海面上挣扎,随手一根稻草、一个标签就是救命的偈语。

任何爱情都是一盘棋局,总有一个结束,再来一盘开始。我不能保证这盘棋能下一辈子,只能尽量让这盘棋走出一个和局,让我们彼此有一个好的 ending(结果)。那样,我们都了无遗憾。

# 就当人生又多走了几步

2011/1/1

天空蓝得真是不像话，就像一年又一年的光景。

今年我步入 30 岁。

我很多年都在试图摆脱"你浮躁不稳重太闹腾"的评价。

我怕直到我摆脱不动了，我才明白，我就是这样一个人。所以我保存了一些网址，随手就可以点开，曾经的自己也是这样拿着鼠标，一点儿一点儿看，一点儿一点儿感受。

比如阿三木君，也就是 Sam 的博客。比如 223 的博客，后来 223 转型成功，文章里的感情渐渐变成我越来越不懂的，我就看他之前的文字。后来他的博客也搬家了，可我的链接依然不会更换。

你看，当年我们都对博客那么热爱，任谁都放弃不了的样子。坦白讲，上两个月我也在考虑是不是要更换博客的事情。

结论是不要。

我是一个活得爱憎分明的人，别人对我的爱恨亦是。

热烈又明晰，凛冽而动人。

幸好还有我认识的朋友能陪着我一起更新文字，拍摄照片，纯当家用。

我认识的那个小伙子，以前说话很小心翼翼，动不动就流泪，后来一个人在外地闯荡变得很阳光，拥有了利落的言谈和发型。我们在外滩3号长谈，回忆过往，看霓虹从火红到暗淡，专程走路到百乐门，也去霞飞路拍过照片。后来，他穿得红红绿绿的，剪了蘑菇头，笑起来的脸上开始有了岁月。再后来，他又阳光了起来。

一个轮回的时间，才能找到自己。又或者，我们一直在轮回中寻找自己。

我其实并不惧怕所谓失败、所谓成功，我只惧怕当我想干某一件事情的时候，已然没有了激情。也许这种激情的背后，是所谓"成功"的推动。

秋微姐去年在电话里和我吵了四个小时，一边吵一边哭。

你看，现在还有谁能这样无休止不挂电话地吵上那么久。现在连道声晚安都觉得麻烦呢。

昨天跨年，我们一群人过了12点，早早就回到家里，倒头就睡。把答应杭州的朋友们要学会《潇洒小姐》这一码子事又抛之脑后了。

我记得有一天，我们在大排档吃海鲜，从晚上一直吃到天明。我们几个人搀扶着回到酒店，已然很久没有吹过那么亲切伴随着光芒的风了。

## 写在后面　　　　　　　　　　　　2025/4/26

最走运的是，我把这些年的日志都留在了博客上，纵使很少读者，但却拥有了我几乎全部的人生。而编辑也正是发现了我的博客，才有了出版《谁的青春不迷茫》这本书的想法。而遗憾的是，后来博客的服务器不再运营，下载的文档也忘了存在哪里，那段青春就只剩下了这本书。

我经历了网站时代、论坛时代、博客时代、微博时代、公众号时代，现在正在经历抖音、小红书、B 站、视频号时代。不同的载体都记录了我某一段的人生，它们组合起来才像一个完整的我，只是时代残酷，当某个载体不再被人喜欢时，便会消亡，随之消亡的也是我们身体的一部分。

记得将一切都备份，为自己清扫出一条明晰的来时路。

# 让别人为冲动买单

2011/3/10

很多人应该就是被捧杀的。

而我也曾在不知不觉中参与了捧杀的围剿。

后来,那些我喜欢的人中,真正一直出现在视野里的,不是折了,就是闪了,当然还有人被遗忘了,那些签名的照片舍不得扔,干脆扔在犄角旮旯,连着结果一并尘封了。

我听顺子的"Sunrises"(《日出》),光线透过缝隙一点儿一点儿挤进心里,微尘轻浮,脸上被阴影与日光分割出明显的区域。我仰起头,幼时的自己可曾预知今日的自己?

我其实是很佩服自己的。很多很多年以前,我就告诉过自己:记住当下发生的一切,温度、色彩、声线、心情,交织在一起,想想五年后再回想这一切该是何种心情。

于是,我的记忆常常随风潜入夜、润物细无声地化开。一个人的空间是如此悠闲与自得其乐。

心里一直住着几个人,不常触碰,敏感的东西碰多了就无趣了。远远地看着，欣赏着，自以为是地幻想着，我是我电影里的主角，如果你愿意配合，那我也算你一个。如果你不愿意，编剧也是我，把你写死得了。

刚进湖南台的我彼时还在纠结："谁比谁更强，我该怎么办？""如何让领导更喜欢我？""不能太聪明，不然会被排挤。""可怜自己是个打工仔，何时也能当老板？"现在呢？以为过了好多年之后把一切看透了，不再为此纠结。其实，多年之后，还在为此纠结着，只是貌似更深了，貌似更复杂了，其实还是为了两个字——活着，于是变得能坦然接受了。以前所有的"不喜欢"，换了一张脸谱戴在脸上，变成了"能接受"。谁说自己不喜欢的就是错的呢？当自己变得越来越能接受时，反而会嘲笑过去的"很幼稚"。

我也常常好心办坏事，也常常因为小成就而嚣张到被人记上个三五年难以翻身，后来也看淡了。看淡了不意味着我就可以我行我素了，就改变自己了。看淡了意味着，我仍是我，只是尽可能表现出更多人可以理解和接受的我。

我也常为了爽而思考一秒钟便撂下一句狠话：恩断义绝。

现在还是会这样，只是在做这些之前，我会再花三十分钟细细与对方分析和解释。然后一切和解之后，再说：本来我就打算如果你听不懂的话，就恩断义绝吧。结果是我也爽了，对方也明白了，以后再也不会犯了。

以前，我常常为自己的冲动买单，现在这个单我尽可能让别人买。

春天，总是一个适合与自己对话的季节。想到现在，我一个人坐在办公室里，等着审片。

再过三年，那时的我，又会在做些什么呢?

## 写在后面　　　　　　　　　　　　2012/10/11

在一次一次被迎面而来的拳法击倒后，我总算学会了凝固静视然后躲闪。其实到后期，再遇见迎面而来的拳，你也懒得躲了，对你而言，那种痛根本已经不是当时那种撕心裂肺的感觉了。成长有一瞬间给我的感觉并不是学会了避开危险，而是学会了不怕疼痛。

## 写在后面的后面　　　　　　　　2025/4/26

嘿嘿，那时的我肯定想不到，我已经很少在办公室待着了。写上面日志的时候，我在光线做电视节目部门的负责人，每天最重要的工作就是审核各种节目内容，然后寄给电视台播出，一步都挪不了。写了错字，说了错话，都是我来负责。

后来，光线不做电视节目了，集中精力转做电影，我就进入了光线影业，每天在办公室开会，讨论各种电影的营销方案和内容。

现在，我也不参加这些会议了，我给自己定一个目标，然后带着导演和编剧找一个无人打扰的地方，像大学室友那样，一直住到剧本写完，再回公司开会，讨论，筹备，拍摄，剪辑，上映，宣传。

现在的工作是我喜欢的，我尽量减少自己与人打交道的时间，而把注意力集中在内容上。所以30岁我写的那些内容，我已经很难再有体会了，我过得好不好不取决于别人对我的看法，而取决于我专注的时间有多少，我拿出来的工作结果是否足以让我在这个行业中继续下去。

我想了想以上日志里提及的那些"可能不太喜欢我"的人，他们早已经不在这个行业当中了，他们并不是被我排挤出去的，我自己仍在苟延残喘，他们是被行业排挤出去的。

像我这种北漂打工人在这个行业搞关系真的有用吗？还是要看有没有真正生存下去的能力吧。

# 时间面前，一切都无能为力

2011/3/30

我和同桌雪在北京那么多年，花点儿时间，便可以把我们共进晚餐的次数数过来，不是因为太多，而是因为太少。夹杂在故去那些繁杂烦乱的日子里，掉进缝隙，不仔细清扫是压根就会忘记的。其中还包括她的儿子，我的干儿子出生那次。

其实，我们见面和打电话的次数也算得过来。

一男一女，她按照她的轨迹在偌大的北京城生活，我按照我的方式生活。

一个人的生活不可以复制给另外一个人，就像她和高中的男友谈了婚，论了嫁，生了儿子，在四环的公寓里历经了五个春夏秋冬。

昨天，她在电话里说：你方便说话吗？

她是有很多话要说的。不过每一次她这样问我，我都会听一阵，然后说改天我们见面详聊。然后这种详聊同样掉进生活的边缘，一忙乱便掉进缝隙里，变成再也看不见的承诺。

我说：你说，没事。

她说：我和他商量过了，我们打算回湖南生活。

很长的日子里，在印象中，思维没有那么长的停顿与留白。

毕业后的八年，来北京的六年，脑子里全是事，断裂的语句，一些可笑的理想，自己给自己预留的台阶，一点儿温暖，一点儿爱好，一些可有可无却着实充盈的暧昧。我也一直保持闭眼就睡觉，睁眼便行动的习惯。

我常常说：不要我一说完，你就回答我，应付我。

后来我发现自己也常这样，别人一说完，我就回答个一二三四。

于是我就把这句话改成：如果你没有经历过，你就别急着回答，太狡黠聪明完美的回答，反而有更大的破绽。

当她在电话里静静地说出她的决定时，我的反应说像一颗子弹打在心脏上也不为过。高速摄像机拍摄的画面，血花四溅，缓慢而奔腾，带着几年以来积蓄下来的力量，喷薄而出。

"北京出去全是人，到处是风沙，一年到头见不到绿色，钱也存不了多少。我们缴税未满五年，所以也没有买房的资格，房东说月租要从3800元涨到6000元。我想，还是找一个对孩子成长更好的环境，不要像我们一样活得那么辛苦。"

这五年间，她做过很多艺人的经纪人，后来为了儿子放弃貌似顺利的工作，然后有了回湖南这个决定。五年，她在北京最大的收获就是生了一个儿子，其他的，似乎什么也没有得到。她付出的还包括从校花变成了少妇，从阳光的女孩变成说话思前想后的母亲。

在时间面前，一切都显得无能为力。

或者说，相对于我们的选择，一切结果都显得无关紧要了。选择的感受，远远超过获得时的兴奋。

有的时候，为了我们想成为的那个人，为了我们想获得的那种生活，轻易就浪费了很多年，最终得到的不过是一句话、一个答案："是的，我满足了"或者"没有，我失败了"。在停止最后一口呼吸前，我们恐怕连以上这个答案都无法确定。

在生活的每一个瞬间，我们都是我们想要成为的人，而不是曾经成为过的人。


看朋友发的《年轻的战场》，时间已经很晚了。照片一张一张更替，那个人渐渐被模糊得已经不像自己。每张照片都是一段回忆，于是急速地回想，当时拍这张照片的时候，我在哪里，想些什么。我又会在什么时候，以什么样的心情再来看这张照片？

经过湘江大桥时，阳光满泻。而我只记得月黑风高的夜晚，我们并肩步行，有一点儿冷，MP3里放的是《爱情证书》。我在想，如何向你表达我当下的心情，让你知道我挺在乎你的，让你知道这是我最爱的一首歌曲，让你知道我在想我们是不是可以走得更久一点儿，让你像我一样更珍惜眼前的这些时光。

那天，我多少是失望了。不然，现在回想起来，我不会觉得那么遗憾。可即使现在遗憾了，想到现在的满足，又觉得以前的经历不过尔尔了。

不过尔尔。一句只有经历时间才敢说出的感叹，又潇洒，又放肆。

谁又能保证再过十年的我，不会看着现在的日志对自己说：那时你的志向，也就不过尔尔。

最近，事情渐渐多了起来。我警醒自己，这么多年都过来了，现在的事情全都是机会，错过了一定后悔，于是不停地赶，不停地赶，全没了以往那些气定神闲。

开始焦虑，开始抚平内心，开始大量地按规矩生活，开始变得忙而乱。

现在看起来，雪似乎比我更早发现生活的本质。可究竟谁更靠近生活，现在谁也没有定论。

## 写在后面　　　　　　　　　　　　2012/7/15

看得泪眼婆娑。我不知道人生中，我和雪像这样的聊天还有几次，或者是等我们都老了的那天，再互相擂对方一顿，亏对方一局。不知道，也不晓得。当我写这些文字的时候，她已经离开北京了，走之前，我们并没有见上一面。中途有两次我想问她在哪里，后来想了想，又把念头藏了回去。我们不过是在近百年的人生地图上游走，谁都没有走远。见和不见的区别不是没有，只是意义在哪儿？唏嘘一阵？感叹一番？告别时的主题，怎样欢乐的颂，都是欢乐的送。离开你的心里，离开你的距离，离开你的世界，离开你的视野，离开你的生命……最好的结局也不过是欢乐送。

## 写在后面的后面　　　　　　　　　2025/4/26

雪回了湖南，又搬去了广东。我和她印象中就只在某年春节见过一次，我们几个老朋友喝了一点儿酒，其他人大吵，我说"如果每次都这样的话，大家就不要聚好了"。

一位朋友说："我说了今天我不来的，但有人非要我来。"

"行吧，我走。"雪站起来走了。

此后那么多年，我们就没有再见过了，只是偶尔会发个短信。

说实话，我很喜欢她离开北京时我写的那一段日志，那时我应该是很难过的。后来的日子，离开的朋友越来越多，除了真的离开北京的，也有彻底离开这个世界的，意外也好，健康原因也罢，活着就是一种庆幸。

后来我整个人突然变得很薄凉，我用这个词的时候斟酌了很久，觉得似乎我真的已经变成了这样。

前几年，我和我表妹争吵了一番，她说我不怎么在意晚辈们的感受，总是提出自己的意见，然后就消失，显得很没有人情味。

我憋了很久，挤出来一句：其实我自己过得也自身难保。我真的没有更多的力气再去扮演一个合格的长辈，或者调整自己的情绪去照顾大家的需求，你们很累，我也是。你问我意见，我说了，我真的尽力了。

小时候，希望被人在意，所以总是委屈自己，希望自己的付出能被人发现。根本就没有用，没有人会在意你，他们都只在意自己爽不爽，就算没有你，也有人会让他们爽。

后来，我希望自己有能力去在意别人，这确实是我的自不量力。有人说：他算老几？凭什么他说的是对的？最初，我以为这只是我表达方式出了问题，导致别人无法接受，后来发现对方说得没错，我说的东西后来证明就不是对的，因为我自己也越活越焦虑，越过越崩溃。

现在，我只能管住自己。我先把自己过好了，过顺畅了，才有余力抬起头看一眼周遭，如果刚好有人有需要，我就搭上一把手。

如果一个人对世界对自己都没什么兴趣就好了，也许能平平稳稳过完一生。

# 在该绽放的时候尽情怒放

2011/4/12

今晚啥事都没做。

看"那时候"的照片,想"那时候"的故事,"那时候"以为的生活是否如现在实现的这样。

这两年,喜欢上了一个歌手叫阿超,一个放在廉价商品里可以直接处理掉的名字,连报备都不需要。叫阿超的人,该是有多低调呢?

刚开始听他的歌,觉得他只唱给自己听。后来,觉得他唱给我听。两年过去,纵使周围都是媒体圈的朋友,也没有任何人在我面前提过他的名字。这两年,他的歌似乎只有他在唱,我在听。从《你好吗》到《比你好的人》到《One(小练习第一号)》。如第一次听到陈绮贞的《让我想一想》。一晃十年,陈绮贞的演唱会已然一票难求,众人合唱,集体泪奔,小清新升华为大团结,我忘了当年在下雨天捧着CD机穿梭于学校的场景,忘记了为了她的一首歌而买一张盗版合辑的热情,也闭口不再提托朋友的朋友去买她一张限量版的 demo（录音样带），但还是爱，深藏于心。

大多数人都是凡人。一天的幸福就能让他忘却以往所有的不幸，一天的不幸也能让他忘却以往所有的幸福。

所以，我便及时地把所有当下的幸福打上一个又一个标签，以便于为某天的沉沦做准备。那时，陷入苦海之中，双手在海面上挣扎，随手一根稻草、一个标签就是救命的偈语。

昨天，重新把将停工两个月的小说翻出来续写。

想起写青春小说的日子，也不畅销，写得也不出众，唯有一条道走到黑的坚持，区别了我和才气逼人的他们。中途从未想过停止，权当写给自己，出版社愿意出版那就更好，一年结束后，你问我这一年做了什么，我无法拿出自己制作的节目播给你看，但我可以拿出一本滞销书放在你面前，说：这一年。滞销书一本接着一本，我爸也说：你就不能写点儿社会题材的吗？写点儿宏大境界的吗？

对不起，那时的我只沉浸于自己与自己的对话，根本还没资格与这个社会，甚至还没资格与他人进行对话。

只是，突然有一天，我再下笔的时候，发现原来我已经在社会上浸泡多年了，写下来的东西自然而然就成了社会的。

你看，我说吧，不着急，慢慢来，该轮到你的时候自然就轮到你了。

以前写过一句话，大体意思就是，就让自己在该绽放的时候尽情怒放吧，季节过了境，一切就不合时宜了。

## 写在后面　　　　　　　　　2012/6/29

2011年的4月，根本想不到之后会出版《这么说你就被灭了》和《职场急诊室：谁没一点病》两本职场书。也就根本想不到两本书的销量一个月就能超过之前所有出版作品的总和。想不到的事情还有很多很多。今天我做制片人的电影《伤心童话》发布了第一版预告片，以及我遇见了你，那么有默契。

你谈到那时的暗恋，我问你什么感觉。你说：每天都想看到对方的消息，猜对方在做什么，在想是不是与我有关。我觉得一直有关，答案其实是：无关。

暗恋的美好就在于，也许永远不会失恋。

他们问我：你是从什么时候知道自己笃定要做这一行，要写书，要做电影的？你是如何让自己获得一些认可的？

其实我都是没的选。只对传媒有兴趣，无聊就写字，觉得自己能做电影就提出想涉及电影。唯一我能选择的就是自己的心情。很多事情，只要能做到心甘情愿，一切就理所当然。

所有的现在，在我看来都是理所当然。因为我一直都是心甘情愿。

## 写在后面　　　　　　　　　2012/10/11

《伤心童话》公映了，投资300万，票房1200万，加上各类版权，这部片子赚了。这是做制片人的后遗症，一切都只看钱。只有晚上在微博上，才会分享所有观众的感受，很多人哭了，又笑了，想找到一个剧中"刘同"似的人物。其实这一切就够了，很多事情做出来，内心第一念头不是为了钱，不是为了名，而是为了有价值，那是一种珍贵的存在感。也许今天有人不懂"存在感"这个词，但总有一天你会懂的。

## 写在后面的后面　　　　　　　　2025/4/27

2012年10月11号的我并不知道2012年12月出版的《谁的青春不迷茫》改变了此后我的人生。这本书首印2万册，预售期就加到了15万册，一个月后加印到了50万册。

从18岁到31岁，我一直呈现出灰色天空的写作人生，因此透进了第一丝光线。

曾经和现在捧着这本书阅读的你，都是我的光。

也许这本书你坚持看到这里，会觉得这无非是一个无知年轻人的碎碎念，他没有明确的目标，好像也没有什么更擅长的技能，唯一能被人记住的可能就是"他总是给自己的不幸找各种合理性，让自己不要抱怨，让自己心平气和地活着，从任何小事里去找到一点儿坚持下去的意义"，但你看，奇迹就这样发生了。

明明是一本记录青春的日志，不小心记录了我的半载人生。

所以啊，千万不要对现状感到灰心，只要这个世界上还有一件你自己喜欢，并能长久坚持的事情，你就尽管去做，没准转个弯就会迎来春天。

# 爱的最高境界是等待

2011/5/19

你一定不太记得,有一场擦肩而过,还有一场我为你死了。一出热播剧万人传说,我只能在角落安静地听着。这首歌叫《临时演员》,演唱者是黄渤。早在一年之前,我坐在民居的三层安静地听着他说这首歌的故事,那时我还在想,如果这首歌播出来的话,一定会红的吧。

一年就这么过去了,这首歌的 demo 我在车里仿佛听了不下一百次。

"这种故事已经看得太多,我从未曾想象会有第二种结果。就算剧本硬把主角换作是我,又能够演出怎样的幸福呢?我这样不值一提的角色,你见过的何止会有上千百万个。"

这首歌从未播出的日子里,早就成为我心里的主题曲。

就像歌词写的那样,从签约,到编排台词,偶尔几次的擦肩,最后为你痛哭一场,才知道自己原来只是一个临时的角色。

晨光微凉，一宿未睡，顶着杂乱的发型，我从一个车站转移到另一个车站，在行人穿梭的洗手间，众目睽睽之下，拿出刚买的剃须刀，慢慢地，刮去因为熬夜思念而长出来的胡楂。

那时的我几岁呢？为什么还干着一件让自己觉得特清苦，却又自得其乐的事情？

将脸颊用清水冲洗干净，看着镜子里的自己，其实我也不管那时的我几岁，在我之前的人生里，这种剧情从未上演。也许，再过两年，我因为好评而获得人生的奥斯卡时，我还是会感谢你，感谢你当时给我安排的这一出内心剧。混迹于千人之中，从火车站走出来，T恤上还有因抵抗乏力感而勉强吸的一支烟的味道，脑子里还刻有最后你不回头的决绝，凌晨最后用力的拥抱，嘴里隔夜酒的味道。

不过这些，如果不记录成文字的话，一天两天过去，应该就忘记了吧。曾经看到一句话：虽然我们分开了，但我还留着你给我的那些短信，不为别的，只是证明，如你这样的人，也曾经那么热切地爱过我。

爱过。语文老师曾说，这不是一个词。

后来你肯定地说：语文老师错了。

你说：我就像是一颗被看透结局的棋子，不贪心地与你相安无事，只是希望这些浓烈能散得慢一些。

爱的最高境界，不是索取，而是静默等待。

我说：任何爱情都是一盘棋局，总有一个结束，再来一盘开始。

我不能保证这盘棋能下一辈子，只能尽量让这盘棋走出一个和局，让我们彼此有一个好的 ending（结果）。那样，我们都了无遗憾。

你说：了无遗憾的结束总比意兴阑珊的结束好。

这是一篇关于内心凌乱的文字。

我是有多久没有写过这些了。

抬起头看海面上的自己，那些饱满蕴含着热烈的青春斗志；那些一字一字的条条框框的职场真理；那些一碰就死、一死就散的所谓原则。

正因为如此，我忽略曾经收到花的心情，也读不出手写信背后的斟酌，不懂一宿未睡只因答应她要陪她的承诺。后来，我慢慢懂了，慢慢知道，原来很多事情都是两个人的事情。

幸福究竟是什么呢？

以前认为是遇见，以前认为是奇缘，以前认为是在一起，以前认为是承诺，以前认为是一切解释不清且体会不明的心境。现在，也许我只会回答：幸福就是开心。

你把我捧在手里，淡淡素服。我把你放在心里，碧落茫茫。只要爱着，多年后，一定能再见。

猛回头，一句词："我是人间惆怅客，知君何事泪纵横，断肠声里忆平生。"

## 写在后面　　　　　　　　　　2012/7/31

　　我只记得写下这些文字的时候，我仍在失恋中挣扎着，以至于过程中说过的每个字、每句话都那么清晰，只是现在，只记得自己很难过，却已然忘记当时的痛苦了。不过一年时间，我就已经走出了困境，实在是出乎自己的意料。我还记得在三里屯一家酒店的顶层，我喝了一大口酒，和朋友分享心事：这恐怕是我一辈子最难以忘记的恋爱了。一年之后，我除了还记得对方的名字之外，其余的都忘记了。朋友说我这个星座的人容易相信爱也容易忘记爱，总是用新伤去弥补旧爱。当时听说时吓得要死，觉得自己每天得遍体鳞伤，然而过了那么几次之后，觉得也就不过如此。张小娴说得没错，所有失恋的痛苦，一是因为新欢不够好，二是因为时间不够长。她是对的，失恋不会死，一年，是期限。

## 写在后面的后面　　　　　　　2025/4/27

因为不会恋爱，所以遭遇到了挫折就会万般自责，不知道哪里出了问题，手忙脚乱四处缝补。后来再失恋，确实学会了让自己快速解脱——我爱的不是这个人，而是这个类型的人，就算失去了也没关系，这个类型的人还有很多，我无非就是吸取上一次失败的教训，认真去对待下一个这个类型的人就行。

我忘记这句话是谁告诉我的了，但听完之后，困扰了我很多年的问题瞬间迎刃而解。

我也曾祈求对方：我们再试试吧。对方拒绝后，我很苦情地说：以后我再也不会像爱你一样去爱别人。

屁咧，说这句话的时候，我只是觉得"再也不会有像你那么好的人会那么傻愿意和我交往了，我失去了最后的机会，如果我不抓紧你，我就彻底孤独终老了"。我舍不得你，只是不想看到自己沉入海底。

都是过程。就像切洋葱会流泪，就像要春游会失眠，多来几次，还是一样，但不会再要死要活了。

如果你失恋了一直糟蹋自己，沉沦放浪，想证明自己的深情，不如把这个精力花在改造自己上，健身、清洁、阅读、旅行，找一个爱好坚持下去。

# 好在我们还能继续走

2011/5/29

Ann给我发来一张玉龙雪山的彩信，附了一句话：大床正对面的景，远处是玉龙雪山。没头没尾，却像下笔千言。

人和人的关系，一旦开始时走得近，一辈子也是那么近。

因为一开始Ann把我当上进的小学弟，所以在我心里，她无论如何都比我懂得更多，比如第一次我邀请她吃饭，她能说出哪里的夜宵又好吃又便宜。那一次吃饭，权当一次面试，后来我就成为她负责的宣传部门的一名小干事。

我喜欢"干事"这个名字，所以在学校的那些日子，不停地干事，也不知道干的那些事对未来有什么作用，但是一直忙碌地奔波，很容易就安慰自己"好像你也没怎么浪费大学的时光"。

后来我买了一辆极其拉风的山地车，无论上坡下坡是否有台阶，都直接踩着过去。有一次，Ann坐在我山地车的横梁上，我从南校区踩到北校区。后来，那些学长学姐就说

Ann 正在谈一场姐弟恋。她那时大四,我大二。

有些人,一旦被周遭误会有暧昧,两个人就莫名有了隔阂,而我和 Ann 只是相视一笑。Ann 是当时宣传部的部长,文笔与气质都很出众。我很珍惜她对我的信任,对中文系的女孩而言,任何与男生接触的机会都会降低自己在他人眼中的神秘感,而 Ann 对我没有半点儿防备。说起当时我的心情,给我一把长枪就是堂吉诃德了,心想如何不让 Ann 被更多人误解,但更多的是如何让 Ann 更有面子,因为我知道很多看热闹的学长只是觉得我乳臭未干罢了。

虽然那时《忐忑》还不流行,但想着当时的心情,每天就像是踩着《忐忑》的歌词一步一步前进。

Ann 毕业时,我们也没有过多告别。在这一点上,我是一个颇为自信的人。

我一直认为,如果对方在我心里有位置,无论他走得多远,也走不出我的心。

后来,Ann 去了长沙的重点高中当老师,然后又过了一年,她决定出国留学两年,后来回了上海。从工作不顺,到当了门户网站的主编。从不顾忌别人目光一直单身,到终于决定在上海安家落户嫁为人妇。一晃十年,我和 Ann,就像两张幻灯片,互相将人生投影在对方的身上,但一切都只是投影。我们各自的色彩、画笔的纹理,连投射出来在对方身上的热度,都不曾改变过。

我曾顶着一头乱发去专卖店给她买了一件冬天御寒的衣服。每年那个时候,她的话题都会围绕那件衣服展开。

每隔几个月,我和她会就人生转折进行探讨。

她说:其实经历过这么多事情,你会发现,人生无处不是转弯的地方。但好在,我们还能继续走。

"继续走"这三个字组合起来很妙。

前面已无路,继续走,可以走出一条路。

前面很多路,随便选一条继续走,走到头都有欢呼。

前面花团锦簇,貌似冲刺的尽头,闭上眼继续走,把人群抛在脑后,当喧嚣声渐息,那不过是一场虚假的繁荣、遗忘前的一次诱惑罢了。

她的短信发来。人也淡淡,水也蒙蒙。

她说她的人生貌似已经固定,所以想再尝试一次冒险,问我的意见。

我一直认为,人生最大的冒险就是不冒险。她欣然接受。

所以无论接下来我们各自如何选择,也不过是我们相知长河中一次小的暗流。

前天,我爸过了60岁生日。我说:我爸已经进入中年了,而我也就成年了。日子还长着呢,路上还有的是人呢。

## 写在后面　　　　　　2012/10/11

关于 Ann，来来去去好像就是那么一点儿事。一想起来，还是那么一点儿事。朋友，再好的朋友，也不过才这么一些事情留在记忆里。其他那些人，或许更少了。所以每次一开心，我就拿相机拍下当下的场景，因为我知道未来一定会忘记。

## 写在后面的后面　　　　　　　　　2025/4/27

2023年上海，我和Ann在疫情后第一次见面。

她说：过去三年，发生了很多很多事，很多你想不到，我也都想不到的事。疫情前我差点儿离婚，有一天，我老公担心我们母女没有办法照料好自己，他骑着自行车穿过大半个上海回到家。他站在门口那一刻，我觉得这个家每个人都要尽自己的全力，后来我就辞职了，成了全职妈妈。我以前是一个什么都先考虑自己感受的人，突然某一天就变了。

我说：但是我依然相信你能在你自己选择的生活里找到合适的位置，或坐或躺或睡，你总是有办法的。当年你在国外留学，气温零下十几度，窗户破了，你不是一样找到方法度过了一整晚吗？

过了那么多年，你再看她的生活，她曾经说：其实经历过这么多事情，你会发现，人生无处不是转弯的地方。但好在，我们还能继续走。

2024年第一天，她给我发了一条信息：哈哈，2023年我把女儿陪伴得很好，学科第一的那种，我知道自己放弃了什么得到了什么，一切都很公平。你也一样，你放弃了热闹，却收获了自己的宁静，希望2024我们都能邂逅更棒的一年。

# 路的尽头究竟还能走向哪里

2011/6/12

从看到你第一眼，我就在想，无论听到什么都无意识抿下嘴唇的你，应该是一个很好打交道的人吧。

后来，这样的猜测一点儿一点儿地增多。因为缺少语言的沟通，所以我常常用你接下来的行为和举动证实自己的观点。

朋友问：你了解对方是一个什么样的人吗？

我毫不犹豫地回答：沉默，寡言，心事太重，难以表达自己的人。

朋友问：所以，你根本就不了解这个人对吗？

"沉默，寡言，难以表达自己"这些都是外化的表象，正因为如此，外界也就毫无可能走向你内心的那条路。回忆起来，在走进一个人内心的过程中，我们都曾试图用各种方式接近，或许我们都有那么一刻觉得，只要一伸手，便能够得到真正的那个你，可最终，都是我们猜测的一场虚妄的梦。

在人与人的交往中，究竟什么样的方式才是正确且有效的呢?

至此刻,我仍不明白。

你说我们要彼此体谅。

体谅对你而言是一种态度。"行,你去吧。""好,随便你。""没问题,我有什么好生气的。"你很有诚意地摆出了体谅的态度,却不管你体谅的结果——我是否真的能体会到你的体谅。不能让我变豁达的体谅,不是我要的体谅。

体谅于我而言更像是一种结果。通过体谅的态度开头,体谅的行为贯穿始终,双方抱着互相体谅的态度让彼此对未来更有信心,才是真正的体谅。

否则,那种抱着怒气指责对方说:你看,我都那样体谅你了,你还抱怨个啥?!

如果你是真正的体谅,那么,我根本就不会再抱怨、冷战,或者沉默。

在感情的道路上,我曾一度认为每个人都无法正确地认识到自己的缺点。后来才发现,这是一种误解。大多数人甚至非常明白自己的缺点,只是他们常常坚持给这些缺点取一些新的名字,完全不同于世人对于缺点的习惯性称呼。

所以,我们在争论的道路上常常迷失方向。

直到最后,我才反应过来,我一直说的大象,其实就是你一直说的老虎。我们花了太多时间在讨论究竟是大象还是老虎上。其实,我们要讨论的关键是,如何让你明白你的老虎其实是一头大象。

写到这里，我突然有点儿明白了，也许不是我们不懂什么叫体谅，只是你懂的体谅与我懂的体谅不是一回事。

你的"体谅"是一种语言上的妥协，不代表你的气势妥协，不代表你对结果妥协，不代表你对我整个行为的妥协。

我的"体谅"正好相反，我指的是整个行为的妥协，绝非语言、气势、遣词造句所能涵盖。

其实，早就想用记录文字的方式思考这个问题。

每次提笔都不知道从何写起，今日，有些顿悟。

因为忙而作为借口的逃避，实质早已对生活造成了巨大变化。

如果更早一些明白这些，很多事情的处理方法会更简单而非更纠结。

心里也就某件事情彻底画上句号。

人和人的缘分，从上世延续到这世，也只有那么多福分。折腾完毕，无论如何努力和使劲，也都无济于事。最后会把两个人都累死，双方还不认彼此的好。与其最后狼狈收场，不如趁现在有理智，气定神闲地说句再会。

## 写在后面　　　　　　　　　　　2012/10/14

后来我常观察，很多人与我们发生了争执，争执的往往是同一件事，就好比绿灯亮了起来，我们的车都可以通过了，但我说绿色是绿色，你说绿色是蓝色，于是我们为此争了一天。

## 写在后面的后面　　　　　　　　2025/5/8

真喜欢那时的自己，把笔当成橡皮擦，眼里容不下任何不舒服的东西，非要把一件事写来写去，仿佛才能在生活里清除。那时的自己就像蹲在暗处的青蛙，任何飞虫的异样都能让我原地起跳，自诩是益虫。殊不知，岁月蹲坐在围墙上，拿着竹竿、绳子和诱饵专门钓我们这种愣头青。那一桶一桶的我被运往农贸市场，我丝毫不会为自己的命运感到悲伤，我仍在和岁月讲道理：你知不知道，青蛙是不允许买卖的。

岁月嘻嘻一笑：养殖的就行。

但我是野生的。

不，你就是我养殖的，不然你怎么那么易怒又冲动？

我被卖了一次又一次，轮回了一次又一次，终于前世今生在我的脑子里留下了一些什么，那种依稀的记忆——不要辩驳，不要指责，每个人都有自己的路，你自己的路马上就走到尽头了，就不要再孜孜不倦地教诲了。

今天写了一段话，非常适合此情此景。"对中年人最大的考验就是，随着外界环境的变化，你的日子也要从巅峰开始下滑，你要去保持坐过山车的享受，而不是为自己的无能感到悲愤。但绝大多数中年人从此在悲愤中过完了下半生。"

# 世道虽窄，但世界宽阔

2011/6/27

如果回过头再看，究竟哪一步最重要？

这是我最近常问自己的问题。

之所以现在要问，那是因为，现在的生活的确与之前相比有所不同。

其实表象上是一样的，每天都像被打了鸡血一样从早忙到晚。只是以前更多的是面对事情，现在更多的是面对人。

因为面对了更多的人，所以在某种意义上，连微姐都说："我周围很多朋友遇见我都表扬你了，说我这个弟弟表现真不错。"在某种意义上，有人问：请问你是如何获得今天的成功的？（真的，问出这个问题的人，让我真的很想打对方。其实我一直觉得自己挺成功的。哈哈。）

成功是什么呢？成功不是挣了多少钱，不是有几百万的粉丝，不是拍了多少杂志的大片。其实从大二开始，从我知道自己未来十年、二十年、三十年一定会从事传媒文字工作那一刻开始，我偷瞄了几眼旁人——大多数人甚至不清楚自己下个月要干什么。我就知道自己挺成功的，当一个人开始了解自己，为自己答疑解惑，为自己内心指清方向的时候，那就是人生最大的成功。

所以回到第一个问题，究竟哪一步最重要？

答案不是哪一步最重要，答案是知道自己如何走第一步的那个年头最重要。

这一切得益于我妈。

当年我的中考成绩差到离谱，要么花5000元读一个重点高中的普通班，要么花5000元读一个普通中学的重点班。

我妈的月工资当时只有1200元。她想了想说：与其和一群交费不喜欢读书的人挤在重点高中的普通班，不如去有很多力求上进的学生的普通高中重点班。按她的解释就是：普通高中重点班的纯度更高。

重点高中无论再如何重点，在普通班，学习的纯度也很低。

普通高中无论再如何普通，在重点班，无论如何都会被高纯度的学习氛围所影响。

事实证明我妈是对的。后来我上了湖南师范大学。

当时湖南师范大学还不是211。对什么兴趣爱好都没有的我而言，唯有进入一个学风好的专业才有可能苟延残喘下去吧。

后来我也常常看见有人写：无论世道再差，只要你保持内心的高度纯洁，你依然会是一个好人。

我把它改成：如果你不是一个自控力超强的人，那就和更多与你一样有一颗向善之心的人一起，集体修炼强大，个人自然能强大。

有人考入清华、北大、复旦用环境救赎自己，有人发挥失误进入大专也能只身一人闯出一片天地。千万不要认为高考，或者中考，或者一次面试就会决定自己的终生。只要内心那一盏灯能够为自己点燃，持续燃烧，每当失去方向的时候，看看内心的光亮，一切就不会惶恐了。

大二之前，每当我不知何谓人生、何谓未来的时候，我总是企图找到一个内心强大且充满光亮的人，总觉得遇见一个那样的人，就能获得指引的机会，于是问同桌，问其他同学，问长辈，问一切可问之人，得到模棱两可的答案。狂风大作的答案早就把内心奄奄一息的火苗吹熄，如若更惨一些，落一阵暴雨，长时间内，火苗再无复燃的可能性。

## 写在后面　　　　　　　　　　2012/10/15

看到这儿，我才发现我真的是一个习惯自己与自己对话的人，找不到别人解答的问题，只能自己问自己。这个习惯仍保持至今，只有心里有了确切的答案之后，才会征求他人的意见。征求意见只不过是为了得到一些心理安慰，一致的，就放手去做；不一致的，小心去做。总之，必须去做，因为这是我自己告诉自己的。

## 写在后面的后面　　　　　　2025/5/8

　　35岁之后，我的人生开始走下坡路，我有几年一直觉得是因为自己能力变差了，运气变差了。直到前两年我才理解到，我离真正的自己越来越远了，尤其是看到这篇文章我才恍然大悟——35岁之后的我，因为觉得自己好像挺厉害，所以越来越害怕失败，于是听别人的意见越来越多，我越来越少和自己聊天，我也听不到自己内心真正的需求，全是别人的话语，以及我无法做到的自责。

　　看，人生走了一大圈，幸好又能回到起点。

　　为自己的人生留下的自己最好的头脑和样子，总会在很多年后不经意地拯救到你。

# 原来我也曾经走过那么远

2011/7/21

我还是偶尔会忘记时间，偶尔忘记要去的地方，偶尔怀疑现在做的一切是不是正确，偶尔感激一下现在的状况，并时不时拿现在与曾经做对比，其实发现，没什么两样。就像老板今天仍对我说：刘同，你究竟打算这样没心没肺活到多久？这句话，好像四五年之前，她也这样问过吧。

说到满足的事情，那是一堆一堆的。

比如，只要坐在书桌前，就不会心神不宁、漫无目的。

现在还记得很多很多的夜晚，听着什么样的歌曲，翻着什么样的书，写着什么样的文字，和什么人在 QQ 上聊天，畅想几年之后的生活。其实和现在真的差不多。

说到遗憾的事情，也不是没有，比如弹钢琴。

我看见会弹钢琴的人就腿软，走不动。我最想成真的梦幻场景是，某一天，在酒店大堂，遇见心仪的人独自在喝酒，我就走上台，弹奏一曲，击中对方，泣不成声……那该有多好……虽然是瞎扯。

有时候，自己和自己瞎扯是一件很满足的事情。

小杰介绍了静秋姐。

她拿着我七年前写的书，一点儿一点儿仔细地读，然后分享给同事听。

然后写邮件告诉我。

让我想起那时我写这些文字的时光，安静、敏感又踏实。

多少不像现在，为了一个梗概而写一篇微博，为了一个高潮而写一个铺垫。那时写东西，不会动那么多心思，只是跟着心思一路写过去，遇见了你，遇见了风景，遇见了一个又一个坐标立于原本生命不可企及之处，匆忙用石子在上面刻下我曾来过的痕迹。

虽然现在我坐在这里，听着最新的歌曲、最潮的音乐，用上网本写文字，用 iPad 上微博，吃着新鲜的荔枝，按时睡觉，到点上班。但静秋姐那几句话，让我心里对自己说了一句话，那句话有点儿恶心，但特别适合我这种 30 岁的无公害小青年用来抚慰自己：原来，你也曾经走过那么远……

原来，我也曾经走过那么远。

而现在，我目力所及之处均有拥挤人潮，力量所及之处必有疑惑需要解决。

影子与灵魂都丧失在隐遁的日光下，谁又比谁能走得更远？

以前，还会争论几句方向，现在能多走几步便不容易，一个比一个更像招徕顾客的人形立牌，面无表情，同样姿势，说欢迎光临，春蚕到死丝方尽。迎不来第二天的清晨，扇不动第二天的翅膀，戛然而止的何止生命，还有妄想成为蛾子翱翔的梦。

希望，这一切都只是那时做着的一个逼真又实际的梦。

## 写在后面的后面　　　　　　　　2025/5/8

那时我总觉得自己还有好多好多事情要做，就把自己很向往的一些事留给别人去做。比如这一段："我最想成真的梦幻场景是，某一天，在酒店大堂，遇见心仪的人独自在喝酒，我就走上台，弹奏一曲，击中对方，泣不成声……那该有多好……"我之所以会写这一段，是因为我很喜欢一部日剧《悠长假期》，女主被男主的室友逃婚，寻上门来，男女主两人相识。剧情每每转折时，男女主便会弹"Close to You"（《靠近你》）这首曲子。卧室里，我抱着双膝，感动得要命，好希望自己的人生中，也能遇到这样的人。

一晃，我就从30岁到了40岁。我突然就明白了叔本华说的那些话——欲望是人的本质，它驱使我们不断地追求、挣扎。当欲望得不到满足时，我们感到痛苦。而当欲望得到满足时，我们又会陷入无聊。

人生就是在很短暂的满足和绝大多数的痛苦和无聊中反复。

在我意识到自己也无法摆脱这种真相后，我就给自己买了一架电钢琴，不懂五线谱的我也没有办法为了那一首曲子重新学习音乐，于是就拜托会钢琴的朋友录了弹奏视频给我，我模仿完左手，模仿右手，左右手再拼凑起来。

就这样，我每天练十五分钟，一年后，我每天起床两件事，一是喝一杯黑咖啡，二是给自己弹奏那首名为"Close to You"的钢琴曲。

既然找不到人来满足自己，那自己就成为那个人。

# 那件青葱且疯狂的小事叫爱情

**2011/7/24**

"我外婆和你一个姓,我在想,如果万一,我们是亲戚的话……"

如果我们是亲戚的话,无论发生何等崩析,我们的关系不会像之前那样说断就断了。

如果我们是亲戚的话,无论你多么不想见我,你总会听到我的消息,看到我的样子。

如果我们是亲戚的话,就意味着,无论场面多僵,随着时间流逝我们都淡忘一些应该淡忘的事情之后,相顾一笑,便能化解当时无论如何都解不开的愁和仇了。

伴侣是全天下最令人害怕的关系。陌生人因情因景走在一起,亲起来比亲人还亲,陌生起来比陌生人还要陌生。

所以,我明白你说的意思。其实连我也曾在心里暗自想过,当时我深爱的那个人,如果我们是亲戚就好了。即使不能一生得到,但起码不会失去一生。

你说这句话的时候,我在路灯闪过的瞬间笑了。

你自顾自地说着。我已然在心里盘算,如果这样算起来,我究竟是要做你的叔叔,还是要做你的哥哥,或者别的什么远亲也是可以的。

你说:不要因为曾经的伤害,而失去获取再次深爱的机会。道理谁都懂,可受过伤之后,谁能迈出这一步呢?

正因为恨一个人不容易,爱一个人也很辛苦,唯有亲人是在爱与恨之外,不能用爱恨去衡量。所以,委曲求全做一回亲人,是不是也象征着,我们朝爱都各自迈了一步呢?


他们说:爱情终始于爱情,即使是最热烈的友谊也无法转化成最冷淡的爱情。爱情终始于爱情,即使是最在乎的亲情也无法转化为最决裂的爱情。

袁泉唱《那件疯狂的小事叫爱情》,木槿花的青春,白色的短暂停留,喝着拿铁,读曾读过的诗。恣意又放肆的日子,在用手指丈量日光的欢欣中远去。

翻来覆去睡不着的微笑嘴角,像书本里夹带的干枯花瓣一样珍贵。

手捧电子书来去穿梭的时光里,谁也不知道,谁丢失了什么,又被谁丢失了。

今天,北京一直在下雨。

坐在出租车里,看着雨中的北京城,耳塞里是袁泉的歌曲,想起往事,仿佛自己浸在青春里从来就没有脱离过。

# 写在后面　　　　　　　　　2012/10/15

这个问题至今没有答案。

# 写在后面的后面　　　　　　　　　　2025/5/8

看起来好羞耻，年轻人谈什么爱情。

但上周我去了趟香港，香港文学里有很多很多的爱，在那样的环境下谈起爱情来，格外有意思。

我问我妹：很久没恋爱了？

她说：习惯了一个人后，觉得恋爱是一件很麻烦的事，要为对方考虑很多事，得要多爱才行？我甚至不觉得有人值得自己这样去做，我多爱爱自己。

爱是想为一个人改变自己，而不是用自己的方式去固定爱每一个人。

她问我：那你觉得呢？

我笑：谈爱其实很可笑，你爱一个人，身体比心里知道，心里比头脑知道，头脑是最不懂爱的。爱最不需要的也是头脑，通过公式的计算来获得爱简直也是可笑。

那晚，还有其他朋友。

有曰：一味的付出可不算爱，有来有回才算爱。

有曰：断了就断了不算爱，要恨得咬牙切齿才算爱。

还有曰：能被他人理解的都不算爱，如果普通人都能理解了，那每个人都配得到爱。

上次一群人聊到"爱",大概是在大学熄灯后的宿舍,也大概是在某个朋友失恋后的酒局上。我们将"智者不入爱河"挂在嘴边,觉得"谈论爱"这种行为超级廉价,又因为有人还能敢追爱而觉得珍贵。

有曰:爱是一件突破自己的事,要对自己藏不住,要对对方藏不住,再对外界藏不住,每一次藏不住都会重新爱上一次。好的爱,会让你在每日的相处中重复爱上这个人一次又一次。

有曰:爱就是去做一件又一件践踏自己的事,你变得越不像自己,你越觉得自己是爱的收割机——收获了低自尊同时又割伤了自己。

还有曰:爱就是性,就是想相互占有,在占有之后就地开荒筑起高墙,将罗马七丘连为一体的过程。但凡一个人行动缓慢,都不是爱。

白流苏和范柳原在香港从相互算计到相依为命,黄玫瑰的爱情随着香港的四季变幻而含苞怒放,毛姆笔下的凯蒂被香港毁灭又在香港重生。

港风霓虹的夜景下,瓦尔特指着凯蒂说:"我知道你愚蠢、轻佻、头脑空虚,然而我爱你。我知道你的企图、你的理想,你势利、庸俗,然而我爱你。我知道你是个二流货色,然而我爱你。"

对了,你可以去听一首歌叫《是但求其爱》,再重读这一篇文章,也许会感受又不一样了。

# 你简单，世界就很简单

2011/8/10

人哪，总得有一两个对手。有人说：为什么《猫和老鼠》里，汤姆永远斗不过杰瑞？为什么《蓝精灵》里，格格巫永远都是败者？那是因为——一旦败者有了转机，故事就意味着over（结束）。

有时，我们聊天不经意间会互相讽刺，然后用"好啦，开个玩笑"收尾。

其实，我们都知道，每一个玩笑的背后都带着认真的意味。

这些年，每个人都是在这种略带认真却被玩笑粉饰的针对中各自修炼，得以存活。新认识的朋友常常会好奇："你怎么连那里都没有去过？""你怎么还在做这样一件事情？"他们的问题大多真挚而非敷衍。其实如果真是敷衍的话，也就罢了。最怕对方认真地帮你思考，比如："为什么你没有去过香港？""为什么你居然还要还房贷？"

那一刻，我告诉自己：这个世界虽然大，但并没必要认识那么多朋友。潜台词就是，并不是朋友越多你就学习得越多，还有一个危险——解释变得越来越多，时间浪费得越来越多。

遇见那种你还未张嘴，对方便猜出你心意的人，谈恋爱也不觉得后悔。

遇见那种你说了上半句，对方便能接下半句的人，赶紧做拍档，多半会事半功倍。

遇见那种你说完整句，对方才明白你想法的人，做个好同事很恰当。

遇见那种你说完整句，对方也不明白你意思的人，这样的朋友最好不要交往。

遇见那种你说完，还需要你解释，然后对方还不明白的，多半是上天和你的敌人派来害你的。

虽然以上原则不一定正确，但本着这样的原则，生活和工作都变得简单起来。害怕痛苦自然会忽略某些沿途的快乐，但避免痛苦，也就省去了多半疗伤的时间，然后，可以寻找快乐。

这就是为什么我懒得解释很多事情。懂你的人不解释也懂你，最终还是你朋友的人最终会懂你，最终会明白错怪你的人最终会责备你，最终仍不明白你的人就让他带着不明白进入下一次轮回好了。

其实你简单点儿看世界，世界就很简单。虽然说任何事情有积极意义、消极意义一堆道理，但一定在某一个细微的部分是有对错之分的。因为这一微小的对错，导致了整个事态的改变。如若要面对一件倾覆的大事件，我错了就是我错了，我没错就是你错了，不用讲情，只需看理。把理说清楚的情况下，再讲情也不迟。最怕理没理清，急着说情。那样永远都不知道何为理，全是情。人生复杂如跨越一个世纪被咬得千疮百孔的毛衣，一堆断裂的线头，都不知从何说起又从何结束。

所以，我最近遇见最令人无语的问题是："什么？你居然也要还房贷？"

这样的人，容易被表象所迷惑，如果还继续问这样的问题，多半没什么出息。当然，像我这样一个人，现在居然还要还二十五年的房贷，有什么资格说别人没出息。

但我就是说了，你怎么着吧。

## 写在后面

2025/5/9

好消息是,那笔要还二十五年的房贷,我提前还掉了。

坏消息是,后来我想着湖南冬天很冷,脑子一热又帮父母在海南买了一套房子。

又问银行借了 200 来万,还三十年。

上个月我一查,这笔房贷我交了将近七年,每个月要还 1 万多,前前后后付了 100 来万,但里面有 80 多万是利息,本金我才还了 30 万……

啊,我年轻的时候真是皮糙肉厚,心里只有一个念头:这个房子太适合我爸妈过冬啦,一定要买下来。至于是不是要还三十年,不在我的考虑里。面对父母的阻拦和质疑,我只有一句话:大不了慢慢还。

表面上是我对自己的未来毫不担心,其实是我对自己的未来一点儿底都没有,心里想着反正银行愿意借,那我就借咯,先让父母享受比较重要。

表面上我很孝顺,其实我只是想满足一下自己的虚荣心——"听说你们儿子在海南给你们买了一套房子,可真孝顺啊"。

怎么形容呢?现在韩国有一个共识,年轻人一定要带长辈去一次张家界,才叫孝顺。

而在冬天很冷的省份,作为子女的我能为父母搞一套海南的房子,也有差不多的效果吧。

后来,我给爸妈在湖南的房子里装了地暖,他们就更失去了去海南的欲望。

所以这套房子最大的作用不是住,而是被用来说"听说你们儿子在海南给你们买了一套房子"。

各位,也请不要再犯我这样的错误了。

# 所有的借口都是骗自己的理由

2011/8/17

小提琴拉响了我们九年没有见面的记忆，就像我们第一次见面内心产生的协奏曲，校园的路上，你上，我下，交错间刹那响起的那首曲子，你还记得吗？

当然是要记得的。音像店女孩的长相算不上端庄，每次谈及她的长相，我们都会很有默契地忽略，但心里还是忍不住想笑一笑的。

女孩看见我们，就像遇见她的初中同学般，笑起来，不掩饰她大大的门牙，因为笑得坦荡，反而让人觉得好看——也许，至今我笑起来毫不遮掩的样子，多半是潜意识里和她学的。

她说：呃，那位同学十分钟前刚来，买了三张专辑，分别是梁咏琪的《透明》、戴佩妮的《iPenny》以及林隆璇的钢琴曲。

她知道，凡是你听过的专辑，我都感兴趣。当然，我也知道，凡是我听过的曲子，她也会向你提及。

我们约着去学校的音像店看那个女孩。状况如我们预想的一样，音像店的陌生男孩说：那个女孩两年前就离开了。问去哪里了，他说：听说是她爸打工受伤了，她妈必须每天照顾，弟弟上学，家里没人做农活，所以她就回去了。

很多人闯进你的生命里，只为给你上一课，然后转身匆匆就走。

从她身上，我学到了没心没肺地大笑，学会了用CD机听你听的曲子，多少能猜到你的心事。那一年，我们借着音像店的女孩交换了近一百张CD。

因为种种，你博客最后一篇日志留了一句话：花季未了，你却走了，泪在掉。剩下的绽放，回忆里烧。花季未了，余情未了，直到天老。

有一句话你没有写出来，那是最后一句词：花季未了，余情未了，直到天老，也许遗憾才让人生美好。

伤心的叫磨难，释然的叫遗憾，忘记的叫业障。

我们从未走近过，只是现在想起来，如果我们多走几步，如果我们再靠近一点儿。如果我曾用右手牵过你的左手，用脉搏搭上你的心跳……

那么多如果，让我听着过去的那些歌，觉得有一点点怅然若失，觉得有巨大遗憾的浪迎面而来。

九年了，你在哪里？

听着这些歌曲，一个仍未改变的我，如果在街头遇见你，我想我仍会去买你买过的CD，听你听过的歌曲。

而今，坐在这里，想起这些，突然想记录下来。无论是不是现在困得不行，是不是白天疲于奔命。因为在乎，所有的借口不过是骗自己的理由。

## 写在后面　　　　　　　　　　　2025/5/9

　　我猜在写这篇日志的我，应该是很想恋爱，然后想到了你。

　　大学很容易对一个人产生好感，但因为自身条件的原因，也只是止于有好感，回到宿舍就写在日记里，反而能回味的东西比"喜欢你"有了更多的氛围和细节。

　　不久前，一位认识很多年的朋友对我说：那时你对我很冷漠，其实我还喜欢过你一阵。

　　我回家很开心地找到很久以前写的东西，翻出了一段发了过去。

　　我说：这一段，写的就是你，我那时也喜欢你，但觉得喜欢你的人也多，自己也配不上，所以就不想表露出一点儿情绪，怕给自己惹事。

　　我们哈哈一笑，并没有觉得错过，反而觉得多年后这么敞开了聊天，证明那段青春没有白过。

# 狂热是什么

2011/10/22

昨天去中国传媒大学做了个讲座，有同学说：我问你一个问题，你能不能稍微停一两秒再回答我？

引来哄堂大笑。对方涨红了脸。我知道她的意思，所以我思考了十秒。

她的问题是：如何才能找到让自己狂热的事？

我很容易狂热，我一个人时常常很狂热；我也很安静，一个人的时候会比寂寞还安静。控制自己是一件再简单不过的事，只是看你要不要给自己这个面子。如果觉得不必太珍惜，于是那些可以豁得出去的便豁出去了。

若要一直狂热，你只需把我放在一群志同道合的朋友中便可以。

昨天，我和投资商签了约。朋友忙碌了一年，终于说服了投资商买下小说改编权拍成电视剧。

多年前，我从不认为这是一个可以做的梦。甚至一年前，我也觉得那仅仅是一场可以做的梦。昨天笑蜜在传媒大学找我，包里揣着她辛苦一年换来的一纸合约，她像港剧里面的妈咪一样笑盈盈地挎着她那个常挎的包，脸被风吹得有些微红，跟着我跑来跑去。

我把自己的名字签上的同时，我明白，这和电视剧无关，却和很多很多其他的有关。我记得当初投资商有意向的时候，我很谨慎地问了硕哥。其间，不停地麻烦与打扰，他都一一地回答并且给出了很多很多的建议。

多年前我还未毕业，我被他锁在他的工作室里，看着最新的日韩剧，每天都要出一份剧情概述。多年前，他才30出头，一直有一个拍内地偶像剧的梦，所以他有几面墙的资料，全是他看过扫过背过的故事。他在绿茵阁说起那些，我觉得全中国都不会有人比得上他，我现在也这么认为。

前不久，我坐在他的左边。他一样缓缓而谈，缓慢而坚定，像九年前一样。只是从我的角度看，他已经有了零星的白发。患抑郁症五年后，他复出的第一部戏是《青蛙王子》，当年的收视冠军。

还有K。认识时间不长，却把我当成了儿子，不停地给我建议，自己的公司也不管，却喜欢和大家一起努力，做一些看不到未来的事情。

还有好些人，因为一样的性格聚在了一起，从不考虑报酬,只因为大家想做成一件事情,于是就朝一个方向努力着。

狂热是什么?狂热就是你看到一群人默默地和你干着同样一件事情,却毫无抱怨,你恨不得跳进锅炉以表心迹。

狂热也是你和他们说话,恨不得把心掏出来,甩他们每人一脸的热血斑斑,然后"哼"的一声收回去。

狂热是大家热火朝天地聊着天,你体力不支睡着,睁开眼后不问任何问题,自然接着话题聊下去,没有人会因此而讶异。

狂热是面对一群朋友,可你会忽然忘记他们是你朋友,那分明是另外的自己。

## 写在后面　　　　　　　　　2025/5/9

　　看似没有回答那位同学的问题，其实也已经回答了——如果你找不到自己狂热的事，那就去找几个自己喜欢的朋友，大家结伴同行往下走，几个人的胆量总比一个人多，而我就是在这样的鼓励下慢慢地被燃烧了。

　　硕哥带我入行，让我看了大量的剧集，我先来了北京，他也来了北京，我们都在忙各自的事情，我们也很少见面，最近几年约过几次，都错过了。

　　因为看到了这篇日志，所以我立刻问硕哥在哪里，明天要不要见一面。

　　他：我在长沙，晚上就回北京，那就明天见。

　　突然觉得，交志同道合的朋友和约会一样，你要奋不顾身地奔过去，半推半就永远都无法走在一起。

31岁

那时的我认为

不用太在乎被人看低。

没有真正的充盈,亦无真正的孤独。

一个人的完美,恰恰在于他敢呈现他的不完美。

有信仰的人,总是积极的。

"投入"这个词,很重要。

# 用力拍拍才有光

**2012/3/17**

听一首老歌，坐一个下午，双手记录想留下来的一点儿心情。哪怕没有酒，也感觉惬意。每日上微博，支离破碎的言语就像被打碎的玻璃，片片都反射着耀眼的光，晃得人睁不开眼，刺激，却心慌意乱。不如打开一整篇 Word 文档，纯白，只有光标安静地闪烁，提醒着文字必经的路程。

一张一张翻阅相机里曾因慌乱照下的照片，才记得起当时的全景。有时会后悔当时没有过多留意，所以常常都留有些许遗憾。早在几年前，星座没有那么受欢迎，我以为这个世界也许只有自己因爱惹留恋，因恨添陌生，然后写下"东风不为吹愁去，春日偏能惹恨长"之类我爱死却也能把某些人矫情死的句子。那时还生活在另外一个世界，一个只能自己和自己聊天的世界，没有那么多没完没了的问话，没完没了的应答，没完没了的 ID，没完没了的一切，仿佛一切都不会结束一般，总会累的。

现在就学会了说：噢，我们这个星座或我们这类人就是这样的，别理我们。当无数孤单世界貌似被某些概念定义成链接后，细细密密的，看似银河系，眼底泛起一片温暖，嗯，还有一点儿向世界叫嚣的气势。

也像是重拾起童年时那只从未射准目标的弹弓，环顾左右，它除了能壮胆之外，起不到任何实质性的作用。拿着弹弓，一步一步向前走。剧情里，导演铺着一首熟悉的歌，说的是你一个人路过，一个人走过，剧情冷漠，听谁在诉说承诺。大街上人来人往，你拖着许多牵绊，时常想逃往简单，却立即被遣返。久而久之，你也习惯了这种状况，各种喜怒哀乐的反复，不过是墙壁上年久失修的开关，偶尔用力拍一拍才有光。

他们所说的那个方向，充满了各种可复制的纸张，睡觉工作写作，说着一点儿陈旧不陈旧、新鲜不新鲜的感触。你问我，是不是很紧张。我说不，一点儿都不紧张，就如同卫星在轨道上，明年今日，你都算得准自己是在哪里。只是我都忘记了上一次有恋爱的感觉是什么时候了。

## 写在后面  2025/5/9

今天北京是个下雨天,我听着窗户外的雨声,也用同样的表达方式写了一篇日志,写完之后心情舒畅,心里升起了一轮皎月般。

## 总是有种寂寞感

2012/8/25

一次说走就走的旅行和一个说爱就爱的人。

貌似我都经历过了。

周末,朋友说我们去西双版纳过泼水节吧。

于是第一天下午到,第二天下午走。

不过二十四个小时,却发生了很多像两个世界的事情。

嘉男开着他改造得不伦不类,写满了拼音、英文夹杂的中国云南之类的字句的车,沿着玉米地、芭蕉林、橡胶林,在我仍错愕的神情中绝尘而去。山林里的穿梭时常让我没了方向感,而1987年出生的他像个野孩子一样掌握着方向盘,凭的不是眼睛,而是手底的惯性。

清晰的眉眼,被晒得过度健康的肤色,在他一个又一个急转弯之间显得格外耀眼。我问睿,嘉男和她认识的过程。她说,上一次她到西双版纳,旅行社安排他接的她,后来他们就成了朋友，他是个特别好的孩子。

这个特别好的孩子并不是本地人，而是十几岁时从湖南跟着家人到这里定居。他使用过的最高科技的产品就是他那辆被改装的国产轿车，其余的，都是我们在使用，他在提问。

他的这辆车还未成为他接待游客的专车时，他便喜欢一个人开着车沿着国境线一直往前，有时自己也不知道到了哪里，只知道西双版纳比他想象中更藏有风景。或许是情绪大于词汇，我们一开始对于西双版纳的期待，完全源于他的神态——究竟是要有一片怎样的景观，我们才会像他那样，在享受的同时又感到自我的渺小。

那是老挝边境一大片望不到边的芭蕉林。下午的日光被云层压得极低，第一次感觉阳光不是照射，而是扫射过来。走在芭蕉林的小路上，影子被拉得像思念那么长，每一个动作都清晰无比，包括我对睿做的那个OK手势。

当晚在微博上写：你何时见过这样的景色，整个世界里似乎只有你一个人。往往这时，你就希望有一双手可以牵，有一双耳朵听得懂你在说什么。人很寂寞，所以你印象中才会有那么多已逝去的背影。

没有真正的充盈，亦无真正的孤独。任何种类的自我充盈总会跟随着突如其来的孤独感，而常常的孤独又总伴着隐隐的快意。尚在读大学的我，表现得像个文匠，我记得那时会写：孤独不代表寂寞。孤独是自身追求的某种独善其身的快感，而寂寞则是灵魂都无歇脚处的凌乱。对还在读大学的我而言，这样的解释真是让自己佩服了自己好一阵子。现在看来，年轻的时候，孤独和寂寞确实是两回事，寂寞和孤独比起来，确实又显得不那么好看。

可现在，孤独仍旧是孤独，但是寂寞变得已不那么寂寞。以前寂寞的底线是自己都无法和自己对话，而现在，寂寞的底线则是自己对自己说出来的话听不到一点儿回声。

因为这种寂寞感，有时你就特别想找到一个能够听得懂你说话的人。我们总说那个人就是另外一个自己。真的有吗？即使有，谁会愿意为了成为另外一个你而牺牲自己呢？

在这个和平的年代，谁都不想牺牲自己成全对方，于是"寻找另外一个自己"成了"让你在临死前还在追逐梦想"的谎言。

## 写在后面　　　　　　　　　2025/5/9

　　1987年的嘉男现在也近40岁了，那时的他在我眼里还只是个孩子。

　　后来我也再没有去过西双版纳。

　　但这段文字的描述让我很清晰地记起那趟行程，那扫射过来的夕阳的光。

　　记得有骑摩托车的年轻人用水泼我们，睿很惊慌，手忙脚乱要将车窗摇上。可能是睿肤色健康，让小伙子们想和她交朋友，于是就在车窗即将摇上之时，小伙子不知道从哪里掏出一个水桶，将一桶水从外面倒了进来，倒在了睿的身上。

　　我们所有人哈哈大笑，那回响一直在，从未消散。

　　我和睿十多年没联系了，不知道她在哪里，但也不是很想她。

　　如果我们相遇，应该会喝上一杯酒，续上之前的聊天内容，假装这些年从未失联过。

# 有信仰的人，总是积极的

2012/9/12

缺氧。沉入越来越深的海底。不是因为心情，而是越来越多的工作。

连转身的时间也没有。

做着一些貌似不适合自己的事情，比如脱口秀的主持。但现在早已经不是几年前，做任何新鲜的事总是会担心。现在也明白了，很多事情，只要相信你的人觉得可以，你自己觉得可以，那件事情就真的可以了。

所以，一旦放弃，就浪费了信任和信心。撑一年，总会有一些进步吧。起码，我的普通话比上个月进步了一些。

试一试，每天写五千字的感觉，都要吐血了。31岁了啊，我对同事说，我都31岁了，居然又回到了十年前刚进电视台的样子，唯一不同的是，那时写稿子给主持人，现在写稿子给自己，这算是进步了不是吗？

新卫视节目，新电影宣传，新书写作，我妈说：你干脆缓缓吧。

当别人都看得起你的时候,你不珍惜,以前你不是每天烧香求菩萨让人看得起自己吗?我妈想了想说:对哟对哟。

小怪兽又送了我一张李宇春的CD,这一次我收了下来。上一次,她还没有发工资,这一次,她可不缺钱。

有信仰的人,总是积极的。加油!鸡血哥!

## 写在后面　　　　　　　　　　2025/5/9

　　真是有意思啊……在喜欢的事情里转来转去，那时的我可不知道，慢慢地，我就开始讨厌越来越多的事情，也很难再对一些事情产生持续的兴趣。这也不是退缩，而是我开始发现，人生当中，一个人能把一件事情做好已经很了不起了，所以需要花更多的时间去沉淀，再花更多的时间去思考，再动手。整天忙来忙去锻炼的是脑子和谈吐，是将家里的摆设变来变去。如果真的要让自己的屋子焕然一新，是需要将家具清空，刷墙，放味，再重新布置的。

# 20 岁的我多少能猜想到 30 岁的自己

2012/1/13

20 岁的我多少能猜想到 30 岁的自己。

不是具体的某个场景或模样,而是完成预定目标时内心的窃喜。

今天在微博上写:小纪念日。最早自己的某句话被登在杂志上。后来写明星的文章被登在杂志上。后来围绕一个主题聊自己很多的想法被登在杂志上。后来成为被访嘉宾还被拍几张照片登在杂志上。再后来,在杂志上拥有自己的专栏能定期写想写的东西。今天专栏的名字第一次被印在了杂志封面上。

最初是在报社实习,写了三十遍的一千五百字最后只用了四十个字放在一边,三十八个字的影评,两个字的名字。

后来陆陆续续,有文章在电视台的内刊发表了,在全国发行的不知名的杂志发表了。作为庶人也登上了一两本街拍的杂志,作为媒体从业人也偶尔在一些杂志的主题文章里发

表一下自己的观点。后来多了一张一寸的照片作为介绍。再后来参加一些商品的软性植入，但多少是能够拍一张时尚的大片了。这些年，有一些编辑每年约我做一次这样的专访，拍一张照片，记录我每年的变化。

其实也不过是在两年前，我希望免费帮《南都娱乐周刊》写稿，石沉大海。今天，无心插柳柳成荫的专栏名字被印在了封面上。

想起这几年，好多好多人心存善意地对我说：刘同，你可以稍微低调一点儿吗？可以稍微不那么浮躁吗？可以把自己的喜悦隐藏一点儿吗？

我果然是做不到的。正如，我给自己写了一篇微博纪念这个外人看起来其实也没有多大事的日子，但于我而言却是一个巨大的礼花。

我常因无趣的事而感到有趣，也常跟无意义的事计较。我活在自己的小世界里，自己和自己演着丰富的内心戏，拿着自己的最佳影帝，常年连庄，理所当然。

我把不相熟的人犯下的错误在团队会议上恣意分享，也想过或许传出去会被人灭了，但天性顽劣又易于满足，所以内心并不那么循规蹈矩。

我对Boya说，其实这些年，更辛苦的事情并不是自己的坚持，而是如何纠正他人对自己的看法。这种纠正不是因为在乎他人，而是不想委屈自己。他说他懂，大致是所有的一切都需要对得起身体里的那个自己，既然真努力了，就不想被人看得太低。

其实被人看低不用太在乎,关键是被谁看低。被一个有价值观、有判断力的人肯定,比被一百个旁观者、路人否定要有价值得多。人总有一段时间,只在茫茫人海中,寻找这些有价值的人的肯定,以及习惯旁观者的背景音。

## 写在后面　　　　　　　　　　　　　　　2012/10/6

看来,我常用一些细微的变化告诉自己一切值得。好笑,又觉得好苦,但很好。

## 写在后面的后面　　　　　　　　　　2025/5/9

我能记得自己的名字从电影的片尾一大群字幕里一点儿一点儿单独挪到了电影最前面。

我记得自己的书从书店最角落的货架一点儿一点儿放到了书店进门最显眼的位置。

我记得第一次爸爸告诉我：你去安排，我听你的。

我真的很认真在生活啊，没有什么抱怨，给我机会我就努力去做，一点儿一点儿去靠近，然后去拿到属于自己的部分。

比起感激某个帮助过我的人，我更想对自己说：你可真是了不起，居然能从那么糟糕的天崩开局撑到了现在。

不要去看自己遭遇了多少的不公，对情绪不好。多去看自己又比昨天的自己哪里成长了不少，对身体好。

# 生活怎么有那么多奔头

**2012/11/21**

中午12点的阳光强烈得吓人，没有一丁点儿想吃饭的欲望。

心情差得很。昨天终于又去上了一次英文课，张嘴半天一个词都说不出来，脸应该是迅速就涨得通红，我想我的老师Michelle（米歇尔）应该很不愿意教我这样的学生吧，不管你花多少时间，他说忘记就忘记，想上课就来上课，烦都烦死了。

想起这几年，我唯一坚持做下来的事情只有写字。那还是因为写字只需要用电脑，而且写字对我而言一点儿都不觉得累。那种让自己觉得很累，但是又努力克服的事情几乎是没有的。

遇见再喜欢的人，对方如果第一次没什么好脸色，我也就逼自己"自杀"了。倒不是年纪渐长的原因，而是懒得努力，懒得解释，懒得花时间。不是说了吗，好多好多美好的事情，就应该遇见，而不是追逐，或者等待。

又想起那个减肥成功的朋友了。我从小就喜欢看那种能够变身的动画片，管你之前是个什么人，但变身之后你就活得特像人。我就一直很希望自己的人生有这种反转剧的效果，可我啊，一切事情都是慢慢慢慢地才有变化，就好像把青蛙放在凉水里，然后一直给水加温，青蛙游着游着就熟了，一点儿死的痛苦都没有。嗯，我好像就是这样，一切都是慢慢的，虽然没有什么不好，但就是希望来一点儿反转剧的效果。掀开T恤，哇，六块腹肌；在机场被人用英语侮辱，然后张嘴四国语言轰回去，那才有点儿意思。

每次幻想这些场景心里就特别开心，觉得生活好有奔头。

生活还有奔头，会让每一天变得都有一点儿追求。

## 写在后面

2025/5/9

嗯，20多岁30多岁没能练出的六块腹肌，44岁的我练出来了！

# 给这十年的你，旁观下一个十年的我

2012/12/15

从1999年离开家到现在已十三年了，十三年的时间其实足够改变一个人了——我曾经也是这么以为的。可是现在看来，我一点儿都没有变，高兴了就狂浪，难过了就猥琐，投入了就哭得昏天暗地，从来不会有另外一个声音提醒自己应该怎样怎样，搞得自己跟演鬼片似的。凡事我都是预先想好，然后启动程序，中途才不可能又出现一个声音碎碎念提醒自己。我觉得但凡有那样念头的人都是事先不做功课的人，容易分心，不投入。

"投入"这个词，很重要。

投入去爱，投入去工作，投入去憎恨，投入去苟且，投入呼吸每一口空气，能分辨出氧气的成分和阳光的温度，投入把一生切成一个一个你说得出来的形状，然后炒一盘菜，吃下很多碗饭。

明天就要回家了，订的是机票。

几年之前,我乘飞机的次数还很少。

然而这两年开始,每个月都要来回飞。常常在想,如果是要自己花钱的话,打死都不会坐飞机吧。可是,从今年开始,我也终于狠得下心花好几千元订往返的机票,只是为了节约一点儿路上的时间,那种期待回家的煎熬,比期待爱情的拥抱更令人焦心。

时间不是杀猪刀,不会刀刀割肉。时间不过是围墙上斑驳的阴影,因为日照而改变形状,最终,你依然是你。

越来越强烈的感受是,其实这个世界并没有自己想象中那么大。有时候,努力伸手便能触到边界,才明白,很多事情并非不能被改变。

这些年,有人辞职,有人创业,有人旅行,有人放逐,有人寻梦,他们坚定地换了方向继续奔跑,那算是另一条人生的旅游线路吧。我一直觉得自己走的这条路,游客太多,制度太严,消费太高,其实走着走着,当你比别人走得更远时,你所看到的便是你未曾想过的。

若你足够了解自己,你不必远行,在心里便已环游这个世界了。

Ann是我大学的学姐,我们相识超过十年。她对我最高的评价是:当周围一切都会改变的时候,我唯一能相信永远不变的就是你。

为了这本十年成长纪念的书,她写了一封长长的信给我,就像当年我窝在一层的出租房内给她写信一样,字字句句刻画出的是心。

如今在办公室里,我以全新的方式贪婪地读着她写给我的每一个字,就像——认真地吸了一口空气,氧气的含量和阳光丈量的尺寸,都静默于胸,而后有泪。

也许,这并不是真正的我,也许这里面有一些落魄情节连我都忘记了,但我相信这一定是她眼里最完整的我。

十年的青春轨迹,总得盛开个一两朵沉甸甸的花吧。

## 写在后面　　　　　　　　　　2025/5/10

前几天看《白日尽头》，里面有一句话："一个人到了异国他乡，就能在同一副皮囊之下变成另一个人吗？"为此我想了很久。

如果说地点和时间会让人改变，那到底是让人学会了伪装，还是由此他们发现了另外一个陌生的自己？

如果一个人在遇见真正的自己之前，又怎么能用"改变"两个字去定义他们？我们大可以说"之前那个我，根本不是我"。

其实到了今天，我依然不知道真正的我是谁，完整的我是什么样子，我们所经历的一切都是凿子，一刀一刻，总有失手的时候，那就需要花更长的时间去弥补那个过失。

但是你放心，只要你有耐心，你能弥补掉所有的失误，只要你愿意让自己变得越来越小即可。

人的一生就是雕塑，所有的粉尘均是泪汗。

32岁

那时的我认为

生命之所以精彩，就在于我们心里一定会有一个人；生活之所以精彩，就在于我们当下的每一步都是未来想回来的那一步。

衡量一个人爱不爱你，不是看他陪你有多长，而是看他爱你的时候能有多疯狂。

# 给你一台时光机

**2013/7/22**

"如果给你一个乘坐时光机的机会，你会回到哪一年？"

这是一个老问题，并不是别人问我，而是自从开始从同学的氛围中脱离，开始一个人坐在空荡的公交车上，挤在熙攘的地铁中，或者在开会的间隙放空时，行走在一个陌生城市毫不熟悉的街道当口，我总会有一种闪念：这是你要的生活吗？现在的生活是从哪一个岔口转道的？如果给自己一个机会，你会回到哪一年？

想回到大一，我知道毕业之后哪些人会渐行渐远，所以从大一开始就会对那些最终会淡出生活的友情更为珍惜。或许我会记录下每一个令人感动的细节，记录下每一次在一起才能悟到的真理。因为多年后，当有人再和我提起某某时，我只能说一句：嗯，他们都蛮好的。当生活只有结论却无情节时，就与枯死的树并无二致，你能看到它努力伸向天空的痕迹，却不再有生命的征兆。

也想回到大二，也许我会更珍惜去电台实习的机会，因为毕业后我没有进入电台工作，那是我人生中唯一在电台工作的机会。当时主持人老师教我怎样切听众电话，如何进行延时播出，我应该记得更清楚，而晚上节目中放的音乐应该再多听两遍，或许我能为此写下更用心些的词。

如果能回到大四，我会阻止一段恋情的结束。那时一段恋情无疾而终，后来，我们在北京相遇，情绪毫无起伏，就像湖水与湖水的相遇，天鹅浮萍，波澜不惊。这样的结果不算是好结果，所以那个轰轰烈烈的开始反而有点儿兴师动众了，就像是大年初一的鞭炮，闹完就算，一地碎纸张。

对，我也想过，如果能回到高中就更好了，怀念课桌，怀念老师，就算你用粉笔头扔死我，我也会笑着说没事。那些死都不会做的题，现在才明白其实也不难，难的是自己当初没想明白为什么要去解决它们。现在知道了，多解决一些，高考分数或许就能再高一些，也许离自己的目标就更近一些，看到的世界也许会更大一些。

渐渐你就会发现，其实每一步你都想回去。可一旦每一步都想回去，其实也就意味着回不回去都无所谓了。但你再认真一点儿去想，如果我们真回到了高中，高考真考得更好了一些，我们就不会进入现在的学校，不会遇见现在让你魂牵梦萦的人，不会进入你现在从事的这个行业……

我们生命中80%的人都是在大学之后才认识的，如果让我们回到过去，这80%的人将会一夜之间变为陌生人，即使面对面走来，也只会擦肩而过。哪怕这 80% 的人当中，只有一个人值得你拥有和珍惜，面对只能乘坐一次的时光机，我想你也不敢踏上那一步。只要这一个人或看你哭过，或听你笑过，或与你争吵过、拥抱过，在你最窘迫的时候与你合睡一张床，在你最孤独的时候一直不弃不离，在你最怀疑自己的时候给过你信任……足矣。

有时我们想不明白，为什么有的人会为了一棵树而放弃整片森林。直到我们面对可以回到过去的时光机时，为了一个人而不敢迈出那一步时，我们才会明白：生命之所以精彩，就在于我们心里一定会有一个人；生活之所以精彩，就在于我们当下的每一步都是未来想回来的那一步。

## 写在后面　　　　　　　　　　　2025/5/10

20来岁的时候多少会觉得自己的人生某一处有缺失,觉得如果能更完美一些就好了。到了40来岁,觉得自己还活着且健康,家人尚在,朋友尚好,工作越来越难但一步一步在做,写作的爱好也能一直坚持,已经足够好了。如果回到过去,改变了一点儿什么,没准会让此刻的一切都崩塌,那还是算了吧。

可以接纳的现状,就是最好的"此刻"。

此刻是2025年,黄渤2014年上春晚的一首歌突然又火。歌名叫《我的要求不算高》,歌词内容是:他希望自己有八十平方米的小窝,有个温柔好老婆,还能顺利上大学,毕业就有个好工作,上下班很畅通,没有早晚交通高峰,天天去户外做运动,看蔚蓝的天空,能挣钱,还有时间,能去巴黎纽约,阿尔卑斯山……

当时这首歌出来,大家都觉得挺好,挺实在。过了十年,大家说"这样的要求还不算高?!也太高了点吧"。

成年人的世界里再无完美之辞,只有满意当下。

# 致那些十万个为什么的年轻人

2013/5/23

"为什么我们要做一档给老年人看的节目呢?"

"为什么我们不能做一些给年轻人看的节目呢?"

"为什么电视观众都是老年人而不是年轻人呢?"

"为什么我们的电视节目不能像《美国偶像》一样,使用那么大的体育场呢?"

"为什么他们都不理我呢?"

"为什么他们都这样对我呢?"

听说喜欢提问的人,显得特别爱思考,所以从小我就很防备这样的人。我依稀记得无论是上小学、初中,还是高中,班上都有那么一两个同学,当老师很认真、很辛苦、用尽了生命讲解完一道难题,刚准备客气一下说"请问你们还有别的什么问题吗?"时,那几个同学就唰唰唰地举手了,如果他们手上握着飞镖的话,老师早就被钉在黑板上成为标本了。

他们翻出他们的奥赛习题集，随便从中间挑了一个问题，然后问：老师，这个问题我不懂，麻烦您帮我解答一下好吗？即使老师挣扎着回答之后，这个同学毫不喘息，目光紧缩如机器人般说：那……老师，我还有另外一个问题。

他们把提问当闹着玩呢。他们总以为"提问"＝"好学"，殊不知，要"会提问"才是"会思考"。为了证明自己好学，他们把一个又一个问题当成手榴弹扔向老师们，让他们哀鸿遍野、遍体鳞伤。直至今日，闭上双眼，当老师问"请问你们还有什么问题"时，那蓄谋已久的一双一双手仍会在我脑海中举起来。

正如开头的那几个问题，那是我刚参加工作的弟弟对他工作环境的抱怨。他一直抱怨没有人愿意听他的意见，抱怨自己的工作特别无聊，抱怨自己的能力没有地方能够发挥。

我问他：请问你每天都做哪些工作？他说每天领导就是开会，讨论如何做一档给老年人看的节目。会议结束之后，他就会说：会议结束了，我能不能说说我的想法？然后就出现了上面的那一幕。

我继续问他：你知道老年人喜欢看什么类型的节目吗？你知道如何让老年人参与你们的节目吗？你知道每天坐在电视机前看电视的都是哪些人吗？你知道使用一个体育场要经过哪些部门的审批，需要花费多少费用，以及体育场能够容纳多少人，需要什么拍摄设备，应该使用多大的摇臂以及什么样的广角镜头吗？你知道使用这样的场地需要多少的电力支持吗?

他愣住了,说自己不知道。

很多事情都是这样,一旦某种想法占据我们脑子的时候,我们就不会再试着去了解别人想让我们了解的事了,我们只想让别人了解我们自己感兴趣的事。

正如我弟,他不会思考现有的广告赞助商的受众是老年人,不会思考如何做一档能让我们自己的长辈爱看的节目,他甚至都不知道,当领导提出一项明确的工作要求的时候,他们希望看到的是你关于该工作的思考,而不是其他。

如果换成是我,我一定把我弟划入最令人讨厌的同事那个行列。我们焦头烂额想让电视机前看电视的观众选择我们,但他却提出了更长远的计划——让不看电视的年轻观众回到电视机前看电视——他并没有错,只是他得证明自己有这个能力之后才能这么做。

职场就是很现实的地方,你必须证明你有能力之后,才能让更多人愿意听你的意见,然后带领大家朝你认为正确的方向前进。

我弟半天没有说话,然后问我:你觉得我哪里有问题?

我觉得你最大的问题就是不思考对方的需求,却提出了太多无关的问题。

## 写在后面　　　　　　　　　2025/5/12

十二年过去了,我所在的光线传媒早就停止了电视节目业务的制作,全面转向电影。而全国的电视台日渐式微,电视人才转战网络,甚至连网络节目都开始走下坡路。别说网络了,电影行业也哀鸣一片。

"内容制作"所到之处,都在讨论一个问题:现在的观众究竟爱看什么?

现在暂时有一个统一的答案——大家都在刷短视频,简单快速轻松就能获得快乐。

甚至很多人在看几十秒的短视频时都要按紧屏幕使之倍速,希望自己尽快看完,转战下一个视频。短视频是看不完的,永远都有新的刺激,现在我们更需要的是咀嚼。

能看到这一段的读者,我真的很感谢你们,你们还在选择文字,我给各位跪一个。

# 爱需尽兴和激情

2013/8/19

之前认为，衡量一个人爱不爱你，不是看他对你有多好，而是看他陪你有多长。

后来认为，衡量一个人爱不爱你，不是看他陪你有多长，而是看他爱你的时候能有多疯狂。

爱情，就是能把正常人变傻的药剂，也是能加热体温的猛火。如果你和一个人分手后，连疯狂的回忆都没有，证明你们俩本来就是路人，连火花都不曾产生过。

虽然在这个时代，两个人在一起多数的结果恐怕不尽如人意。好聚好散后有人强颜欢笑，破罐子破摔中有人后悔过往，无疾而终也会痛定思痛。但爱情最妙的地方就在于此，如果一味甜蜜，等待的就只能是发腻。

无论是已结束，还是进行中，遗憾恐怕是人与人的关系中最常流露出的情绪。遗憾，是带着暗色系标签的词。硬要找一个反义词的话,也许只有"尽兴"才能彻彻底底弥补遗憾所带来的伤口吧。

遗憾你我相识的时间不够长,遗憾你我相处得不够久,遗憾还有好多心里话没有说出口,遗憾分手时仍没有记住对方身体的味道,遗憾不知道对方能够为自己付出多少。遗憾总是有,湘江日夜潮,尽湿檐下花。

两个人相处之初,就应该无话不谈,无事不做,两个人都害怕:若将心里那些话少说一句,就会忘记,一旦忘记就不能让对方了解一个真实的自己。

之后,将话语和情绪转换成灵魂,交换进彼此的身体,哪怕一句话不说,亲吻拥抱,俯听心跳,你也知道对方有多爱自己。

在感情的交往中,你们能为彼此牺牲多少?

将这个问题问了她,她想了想,拿出手机,一张男朋友穿她内衣的照片投射在我佯装的淡定上,却丝毫不觉得猥琐。她说她男朋友在部队大院长大,平时不苟言笑,可她提出的所有要求,哪怕仅仅是一句玩笑式的陈述,也会让他像阿拉丁神灯一样燃烧自己。

女孩喜欢听广播,男孩拼了全力恳请她喜欢的DJ为她的生日专门录了一期专属的节目。

而我自己,也为暗恋的人写过长达十几页的情书,把对方感动得一塌糊涂,然后哭着拒绝了我。

有些回忆很美好，不会有人再为我们做；有些回忆很心酸，我们也不会再为别人做。

人与人的情感都是互相催化燃烧的，你敢尽兴，我就敢豁出去。

你和我，最好如氧气和火的相遇，完全释放交融才能达到高温至爆炸，哪怕最终空留一地烟火味，起码你还会得一个与你一同看烟火的背影。爱需尽兴和激情，不是为自己，而是为自己在对方的回忆种下美好。

# 写在后面

2025/5/12

爱情不应该由脑子给答案,应该由身体给答案。

○ 无论再矫情再幼稚再做作，那都是真真实实的我们，没有什么好鄙视的，更不用一个激动就按了删除键。要知道，你删除的并不是幼稚，而是一段青春好看的风景。这些风景或许你现在随处可见，但这些风景在未来你的世界很难寻。

33岁

那时的我认为

一段长的旅途,虽然奔波,回头却能看清楚许多事的来路。

你不必为了面子而靠近别人的语系,也不必为了让别人觉得你和他是同一类人而佯装有共鸣。

你从被排挤的孤独,走向自成一派的孤独。

靠近别人总是太难,做一个让别人容易靠近的人反而容易。

有些苦不值得抱怨,因为你知道日子迟早会变好。

# 有些苦，不值得抱怨

2014/2/5

明天又要离开家回北京了，没有参加朋友们最后的聚餐，躺在卧室的床上看关于北漂的文章，听父母亲戚在客厅里的对话。

早些年，每次说到我在北京的时候，父母的朋友总会说：真不错，敢去北京。再听说我在一家不错的传媒公司任职，他们就更觉得我一个外地人在北京打拼不容易。其实我们公司的大老板、二老板、三四五六七老板，都不是北京人；其实，大部分单位和企业里，北漂都是大多数，所以谁都不是别人眼里的外地人。

每次回家过完节重返北京时，心情都是最复杂的。那时也总会问自己一个问题：如果留在家乡工作会怎样？这种问题基本上只是提提而已，连想都不太愿意想。留下来？也许根本找不着工作。留下来？也许根本不能适应凡事都要讲各种礼数规矩的小环境。耍性子是不可能了，与合作者翻脸更是想都别想，资源就这么多，犯一点儿错就难以翻身。而与之相比，北漂则充满了机会与包容：这家公司不行就换一家，这个行业不行再换一个。人人都忙得要死，没有时间花在你身上针对你，从这一点来看，选择北漂似乎比留守家乡更轻松。

回家和很多即将参加工作的朋友聊天，大多数人觉得选择北漂是个勇敢的举动，无畏又光荣。其实北漂只是一个人无法忍受一成不变的日子而做出的个人选择，在一眼便会望到头的生命中熬不下去才被迫做出的改变。说好听点儿是为了理想，说世俗了也不过是为了自己的欲望。

为了不看人脸色生活的欲望，为了想睡到几点就能几点起的生活欲望，为了一个月凭本事挣父母一年工资的生活欲望，为了可以一个人独自生活的欲望，我们选择了北漂。这些人互不打扰，相互体谅，在有序的规则里协作，也有人结为伴侣生儿育女，为自己的北漂生活画上了一个圆满的句号。

看了一篇关于北漂的文章，不禁感叹北漂的岁月。一个北漂的决定，让本是普通人的我们，找到了展示自我的途径，不仅有了更多的工作机会，而且结识了很多成就彼此的人。以往不习惯拒绝的人，在北漂的日子里，渐渐变得知道自己要什么，开始学会说"不"，从而获取更多属于自己的时间和空间；以往不相信自己的人，也因为更多陌生人的信任，重新认识了自己，发出"原来我也能这样"的感叹。

因为有了北漂这样的选择，所以很多人才有了可以自己把控的生活。如果你是一个想做自己的人，北漂定会让你找到一个接近于真实的自我。如果你是抱着某个伟大的理想与抱负而选择北漂，或许它会给你浇一头冷水。所谓北漂的过程，大概就是教会一个人先适应在大海漂着，再学会为自己建造海市蜃楼的过程吧。

明天这个时候，我又会回到岗位为新一年的工作忙成狗了。虽然是背井离乡，但一点儿都不觉得悲壮。都说拼搏和奋斗是一个人价值的体现，但不是每个人都有拼搏和奋斗的机会。北漂也许一开始都挺苦的，但每个人都能遇到自己不曾遇到的那些机会，那就是最大的便宜。

我记得在朋友圈看了一段话（未经过考证，但着实震撼），大致意思是，有人对一位很有名的企业家说：我佩服你能熬过那么多难熬的日子，然后才有了今天的辉煌，你真不容易。企业家回复：熬那些很苦的日子一点儿都不难，因为我知道它会变好。我更佩服的是你，明知道日子一成不变，还坚持几十年如一日照常过，换成我，早疯了。

有些苦不值得抱怨，因为你知道日子迟早会变好。

## 写在后面　　　　　　　　　　2025/5/12

企业家那段话一点儿没错，即使是放在现在的大环境中也都没错。只是，现在越来越多的人很难看清楚未来，好像很多时候努力并不能换来什么。过去二十年，获得更多的物质能换来一时的开心，而现在，包括我自己已经觉得好像走错了一条路——用外界的肯定来肯定自己。

进入社会之后，我们不自觉就进入了一种"规律人生"，按规定上下班，按规定领工资，人生中最重要的婚丧嫁娶都要通过请假来完成，30岁应该做什么，35岁应该建立些什么，40岁如果还不做什么就要被社会边缘化……

我们进入有序之中，很容易就会彻底丢失了自我。

所以现在的大环境更需要每个人找到"自己"，自己给自己建造一个舒服的环境，有一个沉浸其中的爱好，有一份可以养活自己的工作（能发财很好，发不了财养活自己也行），工作不是人生全部的意义，活得有趣，想去探索明天和更广阔的世界才是意义。

以前很多人都羡慕有钱人，现在有钱当然也重要，但那些特立独行、自得其乐、通过自己持续的微小之力将根扎得很深的人越来越多地被人钦佩。

# 每个人的孤独都是他的钻石

2014/5/30

走在维也纳的街头,恰逢当地红日(节假日),商场均不营业,多数当地人前一天已赶到附近的村庄度假,留下一座空城,供行人横冲直撞。15℃的凉风贴着墙角迎面刮过,让你清醒地知道你与此刻风景那种泾渭分明的关系,即使下一个瞬间把你从这里打捞上岸,身上都不沾半点儿水滴。

就像你与一些人的关系,你们互为风景,就像堆积在一起的积木,分开之后,他是他,你是你。你们在一起的时间里,没有发生任何化学反应,顶多算是考出了一个物理的好成绩。

没有距离,看不到全景。

不经历失去,怎体会寂静。

一段长的旅途,虽然奔波,回头却能看清楚许多事的来路。

旅途中看余华先生的书,说当年一位老师去西南偏远山村小学,时值世界杯,老师组织全校一千多名学生一起踢足球。摄影师是足球爱好者,理所当然由他向同学们演示如何踢点球。或许平日踢的人多，围观的人少，面对黑压压一片观众，摄影师脚一抖，高射炮，球越过临时球门，落入牛粪中。摄影师悻悻然跑过去捡起足球，在清水中冲干净，重新放回了点球的位置。演示完毕后，同学们一个一个排着队踢点球，每个同学踢完之后，下一个同学都会捡起足球去清水中认真冲洗一番，然后再放回点球位。他们认为这是每一次踢足球前必需的仪式……

他们不知道踢足球的规则，不丢脸。

他们虔诚地对待新的事物，却动人。

我不常喝咖啡，所以不太分得出蓝山、猫屎、拿铁、美式、卡布奇诺的区别，每次同事买咖啡给我问我需要什么时，我总会认真思考一下它们之间的区别，然后说，随便。我也不知道在思考什么，总之显得自己在思考，然后说出来的答案对方多少会觉得可信吧。

我也不常喝红酒。偶尔喝的时候，朋友就会选年份，然后醒酒、品尝、回味，最后必须评价。我只知道味道涩与不涩，全然不懂其他。朋友说，有人为了能充分显示自己对于红酒的话语权，喝红酒前常常会准备一套形容词，各种表达都让中文系毕业的我汗颜。他们形容一杯红酒是"一张厚重又珍贵的厚地毯"，我想大概是觉得很浓很稠。他们形容一杯红酒是"极其繁杂的哥特式建筑"，我想大概是觉得味道古怪，各种味觉纷至沓来。他们还形容一杯红酒为"褪去惊艳华服、肤若凝脂的少女"，我想大概是说这杯红酒索然无味，清淡得就像一杯白开水吧。我都是猜的，他们说如果你无法精确地用味觉表达感受，最好就用触觉与视觉，后来我用"有夏季午后小雨的清新感"形容能一饮而尽的红酒。

我根本不懂，只是有时胜在词汇量比较大。

承认不懂不丢人，不懂装懂才瘆人。

后来，再有人问红酒好不好喝、什么感受时，我都会笑着说：好喝，不如再来一瓶！对方顿时会觉得我太粗俗了啊。

我说再来一瓶，简单又直接，这是我对红酒喜爱的最高境界。

慢慢地，你开始觉得做自己比较舒服，用对方能接受的方式表达自己的观点无比爽快。你不必为了面子而靠近别人的语系，也不必为了让别人觉得你和他是同一类人而佯装有共鸣。你从被排挤的孤独，走向自成一派的孤独。靠近别人总是太难，做一个让别人容易靠近的人反而容易。

有人问：为什么我会觉得孤独呢？

也有人问：我觉得孤独挺好，怎么可能算失败呢？

还有人问：孤独怎么能拿出来讨论，难道不是私人的事情吗？

正因为每个人对于孤独都有自己的看法，正因为每个人都会因孤独而成长，所以孤独更像是一颗钻石——由无数反射面组合而成的珍贵。它能伴你走过很多不堪的岁月，也能反射光芒照亮你昏暗的内心，让你心生剔透，不惧任何磨难。

## 写在后面　　　　　　　　　　　2025/5/12

上周，我和很多年没见面的老朋友见面。朋友问：咦，这个白葡萄酒好好喝，是什么年份什么牌子的？我很自然地说：我不晓得，我啥酒都行，假的也能喝一瓶，反正到时喝多了都会吐。

朋友大笑：你变了，变得随便了。

我：是啊，把内心的吐槽直接当生活的台词说出来的感觉实在是太好了。

# 这不是告别

**2014/6/25**

算一算,从大二进入湖南电视台实习开始,我在电视行业已经待了十三年了。

下定决心告别的这一刻,伤感少许,更多的是遗憾。《娱乐急先锋》《FUN4娱乐》《娱乐中心》《娱乐开讲》《娱乐任我行》《明星BIGSTAR》《明星记者会》《娱乐现场》《最佳现场》《影视风云榜》《是真的吗》《中国娱乐报道》,十三年的成绩单。

全身心投入过的十二档节目中,有十一档是日播节目。有的节目已经停播,有的还在继续,而自己的青春附在成千上万盘的录像磁带中,在人们看不见的地方,渐渐苍老。

那年的我20岁。看了湖南经视播出的招聘广告,熬夜写了一篇文章,递给了王硕老师。回忆起昨日,他说:"我觉得你怪怪的,你给我写了好多用不了的文章,不是因为写得不好，就是感觉怪怪的。"

因为我显得怪怪的，硕哥把我从一群人中选了出来，直到今天。很多朋友说：以你这样的性格，如果在别的行业早就被整死了。

当时的我"嘿嘿"一笑，以执拗清脆的姿势伸一个懒腰，权当为缓和外界服下的一颗解药。

进入电视这行的十三年间，我常常干一些很蠢的事。

做一条针对友台的娱乐新闻，结果没过两个月，我就换到了友台工作，大半个月抬不起头。

直播做一条领导发言的新闻，领导刚开口说了句："我是这样认为的……"磁带就没了。

一大早带着摄像与司机到现场采访却发现自己没有带磁带。

帮别人直播电台二手买卖节目的时候，很无知地推销套牌车。

…………

也正是因为以上种种，我再遇见那些如我一般的新同事时，总是觉得没事没事，起码没我那时干得糟糕。

公司的王总和李总常常批评我，说我对人对事的要求太低。

其实我的要求并不低，只是我一路上遇见的人总是会不停地给我机会让我变得更好。我曾经那么脆弱、那么玻璃心，如果不是他们要求低，我断然不会有现在。我只是在用他们对待我的方式对待新的同事。

曾经的我，一期节目被领导枪毙，就会以辞职不干了为要挟，证明自己对于电视梦想的贞烈，无所谓对错。

现在的我，遇见自己喜欢的节目预算没有批下来，自己垫资也要先把节目内容做出来，无所谓结果。

以前的电视梦想是死守自尊，现在的电视梦想是不顾一切。从一个极端到另一个极端，时间过了十三年。

这十三年中，遇见的同事怕是有好几百人，回想起来，我们总是以冲突和看不惯对方开场，却以不舍与死守在一起谢幕。

2004年进入光线，至今十年，每一年的年会只要部门里有任何相关的人和事获得了公司的肯定，大家一定是台上台下抱头痛哭，外界都觉得这是一群神经病。

神经病就神经病吧，我一直觉得：只有遇见了对的人，你才愿意把自己最神经的一面展现在他们面前。

为了节目选题，我们常在会议室里吵得不可开交，但我经常上一秒发火，下一秒被说服就立刻道歉。同事很讨厌我这样，觉得我很不要脸，道歉来得跟翻书一样快，他们连跟我怄气和甩脸子的时间都没有。我说不是因为我不要脸，而是我不希望大家把怒气撒在彼此身上，思路对了就做事，错了就立刻掉头重来，把时间花在内耗上，那该是一个多么恶劣的环境。

某天，离开的老同事给我发了一张截图，说：同哥，我看到有人在某个APP（应用程序）上讨论你，我从不挑事，只是觉得这条好好笑，给你看看。上面写的大概是：刘同比较没有脾气，所以大家有什么不满都可以发泄在他的身上，大概是因为软柿子比较好捏。

！！！

我一直以为自己性格温和，没想到在外人看来是个软柿子。但软柿子就软柿子吧，自我感觉良好的双鱼座有一万种方法安慰自己这是大家对我的变相鼓励。

上高中时，我爸曾当着很多人的面羞辱我：我儿子特别喜欢看电视，人家电视台都没有节目播出了，他还躺在沙发上傻傻地看着电视呢。

这个故事我在很多高校分享会上讲过，在没有父亲谈心的日子里，确确实实是电视节目伴随我度过了一个又一个成长期寂寞的日子。也因为《快乐大本营》这个节目，我确定了自己要做电视人的梦想。

而这个始于十几岁少年的电视梦支撑着我考上了大学，

让我考试进入了湖南台,让我应聘进入了光线传媒,让我熬过每一天都能记得清清楚楚的北漂日子,也让很多素未谋面的人认识了我。

今天告别了电视人的身份,明天的我是一个新的传媒人。
一切清零不代表着结束,而代表着重新开始。
转换梦想不代表着使命的终结,而是有了更多新的追逐。

我很喜欢一句话:要坚信,每件事最后都会变成好事,如果不是,说明它还没有到最后。

## 写在后面　　　　　　　　　　　　2025/5/12

这篇文章写于我要从光线电视事业部转向光线影业时，那时的我完全不懂电影，后来和同事们开会，他们说到任何一部电影的名字，我都要偷偷在手机上查那部电影究竟说了些什么。后来公司让我自己去制作《谁的青春不迷茫》的同名电影，我就和导演一起开了一年的剧本会，常常为一句台词反复讨论一整天，可第二天又把它给删了。于是我对剧本创作产生了巨大的兴趣，觉得自己喜欢写东西，应该会比较擅长写剧本，没想到进入剧本体系里，需要学习更多的专业知识。

有趣的是，当我好不容易将各种专业知识学得差不多的时候，突然观众已经发生了"电影格式化创作的审美疲劳"，大家都想要自然而然的东西，不要再看老套路的电影。

行业在改变，带动着人的改变。大时代在改变，影响着行业的改变。人是最渺小的。

人虽然渺小吧，但有趣的部分是，中学时期的我除了考试，什么都不懂。大学时期的我，除了养成了一个写作的爱好和找到了一份工作，什么都不懂。而我却在工作中，一次又一次建立了自己的知识体系，我比以前的自己既完整又丰富。

虽然你看我，觉得"他这个人也就那样"。但是我看我就会觉得"我居然又了解了一个玩意"。

我觉得自己活着还对自己挺负责的。

# 认真的 33 岁

2014/2/27

大概 1999 年的时候，我开始听阿牛的歌，一盒卡带 9.8 块，美卡音像出品，回来用透明胶带仔仔细细把封面贴严实，小心谨慎，是 18 岁对待心爱之物的方式。

那时有个习惯，一旦心情不好，就喜欢找朋友说话，说出自己所有的疑惑，朋友用心作答，可无论对方回答什么，我都是嗯嗯嗯，谁管你说的是什么呢，你能坐在我身边一直叨叨叨，看见你为我担心，心里就能变得很踏实。人都是渐渐地变得贱贱了起来。

大三的时候，我读到许知远的一句话：人们不倾听内心的渴望，回避孤独与焦虑，身在通行的规则背后。但人们也终究会发现，这种生活其实不值得一过。你越回避自己的内心，越茫然无措。焦灼无法回避，亦难以转嫁。要真正了解内心，只能学习习惯一个人的生活。一个人走路，一个人听歌，一个人吃饭，一个人哭，一个人笑。去学校商业街的网吧看盗版光碟，扭头想要分享，才发现自己是一个人。刚开始，讪讪一笑，掩饰自己的失落，再后来是自嘲地一笑，欣赏自己的洒脱。

所以，无论是阿牛还是许美静，无印良品还是江美琪，他们就像老朋友说话一样，无论心事轻重，戴上耳机，与世隔绝，心便立刻踏实起来。

我的表哥那时是某知名唱片公司的总经理，欣赏蔡琴的中年人欣赏不来把江美琪奉为"心灵歌姬"的年轻人。他在电话里用嘲笑的语气说："再过十年，你看看你的江美琪在哪儿吧。"我很愤怒地咆哮："她一定会好起来的，那时她一定会在的，你的蔡琴才会不见了！"

一晃十几年过去，再想起这些事，觉得他幼稚，我也幼稚。蔡琴在市场上依然抢手，江美琪却少有露面，但她的歌从我的卡带随身听换到 CD 里，又从 CD 里换到 MP4 里，再换到 iPod 里，至今一一留在 iPhone 里。我爱的那些歌与歌手，一直都在，在我的热爱里。

因为从来都是一个人品味，一个人调味，少与人分享，所以过去了那么多年，一个人对于过去的记忆就显得格外完整。记得每一个前奏，每一个 MTV 的画面，每一次听这些歌曲的心情，就如伴随心情写下的文字，光阴的更迭，只是纪录片中日与夜的快进镜头，万物在自顾自地轻微舒展，极尽释放。

今天，我 33 岁。

昨晚在房间里，翻出带到北京的旧物品，细细端详。

有一封信是当年的同班女同学写的。因为我常逃课，所以见面不多，当时的女同学对我的评价大多围绕着"那个不常上课，看起来游手好闲的男同学"展开。到了大四分配做实习老师的时候，学校把我和这位女同学分到了一组。由于最后要公开课分组评优，据说这位女同学很不开心和我分到一组，现在和那时想起来，仍然觉得她一定是瞎了啊。

为了不被看不起，我开始熬夜写教案，第一次与同学见面时偷偷把讲台上的座位表照下来，晚上在床上背每一个同学的名字，在课堂上一一对号入座记得滚瓜烂熟之后，佯装下课从走廊经过，然后一一叫出班上同学的名字，那位大学女同学那叫一个崇拜和震惊啊……（你说她当时瞧不起我是不是瞎了？）

不知道有多少人的自信爆发是从被异性瞧不起开始的，我打电话给高中班主任请教，下课了和同学们混在一起吃饭，晚上去寝室和大家小聊一会儿，把最难搞的男同学搞定。明明不会跳街舞，还硬撑着回长沙和朋友学了几招，仅仅是想树立一下威望。为了面子，连命都可以豁出去的21岁，让女同学刮目相看。晚自习出来，小城市，大排档，塑料棚子里灌着风，却吹不灭我们对大四之后的企盼。

"我希望未来能读到博士吧！"我看着她，心想：我们一辈子都不可能成为朋友吧。

"我希望能通过自己的努力让别人看见，过自己想过的生活。"这是我说的。

"什么样的生活才是你想过的？"

"不用看领导脸色，不会被同事排挤，每天朝气蓬勃，再累也不觉得辛苦，每年都能完成一个小愿望，不要太穷，嗯。"我呵呵一笑，女同学举起一杯啤酒对我说："其实我特别羡慕你，幼稚的男孩，希望你能成功。"

喝酒时，我喜欢一饮而尽。趁啤酒经过口腔、喉管、食道，缓缓流入胃里的时间，我就能安安静静地回想喝酒时说的那些话，然后给自己和对方再满上一杯。

实习期结束，我们组是两个优秀团队之一。没有机会再熬夜，也没有机会再相约喝酒，直到毕业那天，她给我写了一封信，说她已经保研，朝着自己的目标继续前进。她说她很高兴与我共事一个月，她说人与人常常会因为不了解而产生误解，却也会因为不了解而收获喜悦。

最后一句话我记得很清楚，她写："幼稚的小孩，我看了你写的小说，你真的很认真，请继续努力。我要向你学习，我能想象你实现愿望的样子，那个样子的你很帅。"

"呵呵。"第一次看那封信的时候，我冷笑了一声。她看了我的小说，没有夸我写得好，却夸我很认真，简直是瞎了眼啊。然后我把信往抽屉里一塞，抛之脑后。

所幸的是，有价值的回忆总是有实体存在的。

昨晚再一次看到那封信，读到"你真的很认真"时，突然被莫名击中，先是讪讪一笑掩饰自己曾经误解她的尴尬，然后再呵呵一笑，却再也不是轻视对方，而是鄙视当年的自己了。

"认真"是一个好评价。文笔可以美,做事却难认真。长得可以帅,相处却难认真。年龄持续增长,每一天却难过得认真。而女同学也因为认真,读到了北大的博士。我也因为认真,结识和收获了很多很多人。

有人说:因为你,所以我变得很有安全感,变得很认真,然后实现了自己的某个梦想。

呵呵。(冷笑一声)

那是因为你原本就有梦想,原本就很认真,原本就有安全感,而我恰巧出现,被无辜地当成了催化剂。经过一段时间后,我还是我,你却已不是自己了。所以,恭喜你们。

说真的,去过一份自己想拥有的生活。开一个自己的花店,让很多喜欢学书法的孩子获奖,考上一个不错的大学,用比上司少一半的时间升职,都不难。哪怕是还在坚持奋斗,寻找出路,一脸傲娇的人们。要相信,幼稚的人,就要认真,只有认真了才能像我一样,33岁了,对未来还充满企盼。

生日快乐,认真的33岁。

## 写在后面　　　　　　　　　　　2018/4/22

这两天,刚好在听江美琪新专辑的歌曲《能不能看到我》,里面有一句歌词这样说:"不在乎被遗忘在哪个角落,留在你余光中,我就已足够,请勿收回,请像当初那样试着,能不能看到我？"如果换作早几年，这完全就是我内心的写照，卑微又渴求。但现在的我已经完全不这样了，要被看到，不是请求，而是主动。主动去做到一些事，让自己不得不被看到。

以前很久不见的朋友看到我，总是说："哇，你好瘦。"真的恨不得自己原地爆炸消失化成一缕青烟算了。现在很久不见的朋友再见到，都会主动说："你现在身材保持得不错啊。"我表面很谦虚地笑一笑说："哪里哪里。"心里想："开玩笑！连续健身三四年了，现在天天游泳，真是累死我了，身材好是当然的！"

被看到要感谢看到你的人，但要被真正看到，要感谢自己能一直坚持做一些事情。

33岁的我，喜欢找个朋友絮絮叨叨说自己的心情，对方在就好。

37岁的我，已经不这样了。这两年，有任何事情，我只会给两三个朋友打电话，能电话解决的，就不再见面浪费彼此的时间。而那两三个朋友，都是能认认真真为你思考，为你做出客观判断的朋友，以至于有任何事情只要问了他们的意见，人生就会美好很多。这样的朋友很难找，既要把你当回事，又要为你客观地进行分析，不带主观情感。因为他们让我很有安全感，所以我也在尽力成为这样的人，能让其他的朋友有安全感。

## 写在后面的后面　　　　　　　　2025/5/12

我居然看哭了。

倒也不是因为怀念,而是我那么敏感,拾得起掉落一地的一丝一缕。我将这些细微感受一一捋好,将它们交织在一起搓成一股绳,用来吊住自己这些年的那口气。

34岁

那时的我认为

如果你在乎一个人,他活在你生命里的全是细节,而非感受。

如果你在乎一个人,他活在你世界里的全是故事,而非评价。

在你意识到别人帮不到你的时候,就会发现其实一个人也能做很多事。

希望我们每个人都在干着曾经以为自己干不了的事。

希望我们每个人都能知道其实我们一个人也能做完很多事。

# 写给我的 34 岁

2015/2/27

34 岁的第一天，我为后天的年会写了一下午的台本。

写那些每日相见的人，却难以下笔，除了表面上看到的，以前的他们又是怎样的呢？于是和大家坐下来聊天，听他们回忆曾经的故事，数度被打动，原来我们每一个人都是经历了种种，才能在这里相遇。

春节回家，爸爸坐在副驾驶座上和我聊天。关于爸爸，我有太多问题想问，却无法用一副采访的模样，只能假装漫不经心地问："呃，爸，爷爷家那么苦，你是怎么混到今天的？"

我爸想都没想就说："因为我遇见过几个好人。"

"最好的是谁？"

"都挺好的，如果一定要说最好的，是我以前的师父，因为他救了我的命。"

我从未听过我爸那么详细说他的事，也根本不知道他曾经险些连命都没了。

"那时单位只有我和师父两个人住在大院子里,一人一间房。冬天的时候实在太冷了,我的被子又太薄,就把门窗都关了起来,生了一盆火。没想到火越来越旺,睡梦中我觉得自己呼吸越来越困难,想动根本动不了,特别难受。然后,突然间全身就变得轻松了,估计人真正濒临死亡就是那种感觉吧,那时的我应该已经不行了。"

"后来呢?"

"后来的事都是别人告诉我的,师父下班回来,敲我的门没有回应,通过窗子看到我没有反应,就把玻璃砸破爬进来,把我背了出去,放在通风的地方。年轻力壮的我后来醒了,然后才有了你。"我爸说这些事轻描淡写,我坐在一旁却如坐针毡,如果我爸当年挂了,我也没戏了。这么一想,心里特别感激爸爸的师父救了他。

"要不,我们去看看你的师父吧?"

"几年之前,他走了,最后一面也没有见到。"

"那还有谁让你后来做人做事少走了很多弯路?"怕过年我爸被我勾起不好的回忆而难受,我便转移了话题。

"还有个领导教会了我挺多的。当时,大家觉得一个人不好,都在背后说他坏话,我也是。后来领导对我说:'一个人坏,大家都看得出来,心照不宣,你再去说,也没有意义。但是一个人好,大家不一定都会说,你说出来,也许他就会记住你的好。做一个敢说别人坏话的人容易,做一个会说别人好话的人难。'后来,我一直这么要求自己。"

爸爸说的这些话，我一字不落地听进去了，心里很多感慨，感慨自己曾经为什么浪费了那么多时间忙其他事却不和爸爸聊天听他的故事。心里也有很多庆幸，庆幸今天他能跟我说说他的过去，让我也记得他曾经发生过的一切。爸爸不仅仅是"爸爸"一个称呼而已，他走的路，沉淀下来的感受，曾吃过的苦，犯过的错，都是我应该了解而又从未想要去了解的。

看我沉默不语，他问我："你记得你小时候给我们做饭吗？把锅子放在火上，里面放了两杯米，一滴水都没放。等我们回家时，你很得意地说，等一会儿就可以吃饭了，然后我去看的时候，里面的米全焦了，差点儿没起火。"

"我以前那么蠢吗？"

"那你还记不记得，你3岁的时候，我在教室上课，你从办公室拿了考试的试卷，走到教室后面跟学生说'我爸爸是老师，可以让他给你们多打分'？"

"我真的有那么蠢吗……"

"那你记不记得……"

"爸，你别说了，我不想知道我那么蠢啊。"

其实，我不是不想知道自己蠢，我是突然想和他待在一个地方，烤着火，喝几杯酒，认认真真听他说说我的故事，认认真真听他说说他的故事。而不是这样，假装漫不经心，却背得下他说的每句话。

如果你在乎一个人，他活在你生命里的全是细节，而非感受。

如果你在乎一个人，他活在你世界里的全是故事，而非评价。

今天的我34岁，我想成为一个能安静感受别人故事的人，确切地说，不是为了感受故事，而是为了更在意我在意的人。

## 写在后面　　　　　　　　　　　2018/5/13

好像也就是我30多岁之后，开始能和爸爸聊聊天了。之前他可能觉得我很幼稚，而我又觉得他很古怪，只要和他聊天，就有一种他在挑剔我的感觉，所以根本懒得聊。这几年，我和爸爸的关系开始改变了。尤其是今年我回郴州拍戏，每天住在家里，有时候赶上家里的饭点，我和爸爸就会喝几杯，无论是中午还是晚上。剧本里有一个情节，就是主人公刘大志要带着好朋友上山采药草，其实这是我的经历。小时候，我爸总喜欢带着我上山挖药草。所以我就问他："爸，过两天我们要拍一场山里采药草的戏，你能不能帮我们指导一下？"他二话不说就同意了，然后跟着我们进山，一路走过去，任何绿色的植物他都能说出名字和药用价值。我和同事跟在后面一愣一愣的，像几个白痴。那天下着雨，爸爸从山里出来，手被弄脏了，他就蹲在地上，把手放在地上的积水里，轻轻地拍，然后抬起头对我说："来，来这里洗手，小时候我们都这么洗。"

# 写在后面的后面　　　　　　　　2025/5/12

　　这两年回家，爸爸最开心的事情是我能陪他喝上两杯，然后有的没的扯扯闲篇。

　　这个五一我回家，中午陪他喝完酒，下午又陪他扯了一下午的字牌。

　　打完牌，他的朋友说："刘同，你1981年的啊，你怎么一直像个小孩子？"

　　以前我会因为这个评价而觉得不开心，但那时我突然明白了这个评价之后的东西，我和我爸相处的环境里，时间是无效的。无论他多大，无论他是不是坐在我的副驾驶上，我依然是坐在他自行车后座那个，一直提问的5岁孩子。

35岁

那时的我认为

人需要有一段好的感情、一份好的工作、一个能自得其乐的爱好。三个占一个，生活就能有盼头。

任何才华在这个社会上都是能兑现的，如果还没有，不是运气不好，而是你还不够有才华。

凡事都要朝对自己最有利的方面总结，取悦自己，让自己心情变好是一种极其重要的能力。

一定要过得足够好，家长才不会没完没了地担心你的人生大事。（起码要表现得自己过得足够好。）

# 35岁教会了我什么？

2016/1/25

1.不要企图用新的利益升华你和朋友的友谊，正因为你们没有利益冲突，所以关系才不错。当然，也不要觉得经不起利益考验的关系都不是什么好关系，要知道，这个世界上连亲人都会为了利益反目，所以最好不要用利益去考验自己和朋友，没好处。

2.常健身，多运动，会节省很多购置服装的费用。身材好了，气质也会随着变好，穿什么你都觉得自己还不错。

3.一段时间不用的东西，最好及时借给或者送给其他人，一方面积攒了好人缘；另一方面社会更新太快，你不用的东西会迅速被淘汰，何必让它们死在家里。

4.人需要有一段好的感情、一份好的工作、一个能自得其乐的爱好。三个占一个，生活就能有盼头。

5.任何才华在这个社会上都是能兑现的，如果还没有，不是运气不好，而是你还不够有才华。

6.做任何事都会被人唱衰，可能会被影响心情。但这个世界上的人实在是太多了，你得努力让那些不认识你的知道你、了解你、喜欢你，暂时不用浪费时间跟那些唱衰你的人怄气。

7.凡事都要朝对自己最有利的方面总结，取悦自己，让自己心情变好是一种极其重要的能力。

8.可以和人去比，但脑子要清楚，所有的比较最终都源于你们本身的才华与能力，而不是受外界认可的程度。当下再被外界认可的人，只要没有才华都会被外界抛弃。

9.以前觉得取悦了别人才能成功，现在发现只有做一个更真实又投入的自己才是有可能成功的前提。

10.周围朝一个方向走到黑的朋友几乎都成事了，甭管大事小事，敢破釜沉舟把一件小事做好的人都活得比以前快乐。

11.人脉越来越没用，忽悠也越来越没用，唯一有用的就是你能创作出好的内容。

12.可以尝试着让父母与好朋友的父母成为朋友，父母们坐在一起吃饭、聊天、旅行，比我们想象中开心多了，他们最开心的时候是坐在一起轮流批评每一个晚辈。

13.没有什么是学不会的，关键是你敢不敢豁出去。

14.在表达观点的时候尽可能说一些真话，也许你会因此收获几个意想不到的真朋友。

15.试着放下一些令人恼火的事情，真正放下的那一刻，你能感受到自己赢了。

16. 一定要过得足够好，家长才不会没完没了地担心你的人生大事。(起码要表现得自己过得足够好。)

17. 如果和老板有了冲突，可以试试据理力争。年纪大了，再装乖意义也不大了，让公司认识到你真正的想法，好就好，不好就赶紧撤，不然真来不及了。

18. 年轻的时候如果喜欢谁，那就主动一点儿，等到了30多岁，很难再主动，也不想着急再认识新朋友，感觉人生已经开始做减法。

19. 要知道哪些朋友有正能量，多和他们在一起。同理，让你感觉到不舒服的朋友，趁早断交，随着你越来越照顾自己，迟早也会断交。

20. 任何撒谎、作假都能被看出来。如果你还自得其乐，要么是别人在配合你，要么是别人在等待其他人拆穿你。

21. 你还会遇见很多没信心的事，很多会拒绝你的人，能做大就做大，做不大就做好，做不好就尽力，等事情告一段落之后，你会发现，只要尽力了就有可能变好，只要变好了就有可能做大。虽然你没有别人想象中那么强大，但也没有自己想象中那么糟糕。

22. 喜欢一个人很容易，但坚持爱一个人很难。希望你遇见的人不是因为兴趣，而是因为相互欣赏，彼此能为对方变得更好。

23. 父母的年纪越来越大，对新事物的接受能力也越来越低。让他们知道你爱他们，让他们继续把你当成小孩宽容，同时也要保持你对他们的耐心，保持你对他们的付出。在这个阶段，金钱解决不了的问题，你的耐心和陪伴都可以解决。不要争吵，不要斗气，相信我，只要你愿意撒娇，他们怎样都可以。

24. 感情是易耗品，过了期就再难有新鲜的模样，不要让对方失望，不要成为一个无趣的人，不要任性做自己。感情是天平，可以把自己看得很重要，但更重要的是懂得维持平衡。

25. 这个世界很大，一定还会有有趣的朋友让你看到不一样的世界。不要把时间浪费在给你负能量的朋友身上，也不要总把自己关在禁锢的环境里。

26. 随着每个人的年纪越来越大，对朋友的要求也就越来越挑剔，你看不上别人，别人也不一定看上你。尽量成为一个自己喜欢的人，做一个更大方、自然会有微笑的人。

27. 只要做好手头的每一件事，不给合作的人留下坏印象，知道自己每一天都在变好，都在挑战一些小小的不可能，你的未来自然会越来越好。

28. 好的机会是争取来的，但首先是自己满意了，别人才有可能满意，才有理由争取。在跟别人争取之前，需要投入更多，但这些投入一定会有回报。

29. 遗憾能让你认清自己，不白日做梦，而是在奔往那个方向时，你先要再找到一块垫脚石。

## 写在后面　　　　　　　　　2018/5/27

　　不知道从什么时候开始，我习惯了做一整年的年度总结。很多早就知道的道理，居然又被自己的人生证实了一次。很多听过，却没有那么感同身受的道理，也在这一年恍然大悟。所以道理一直存在，就看你是否真的明白它们意味着什么。而现在看起来，每一个教会我的段落，都意味着一件人生很重要的事情。在出现一次之后，就不会再允许自己犯同样的错误了，不然就是蠢和贱了。嗯，确实是的。记录和总结，是能让自己变得更快乐的。

## 写在后面的后面　　　　　　　　　　2025/5/12

每年给自己总结的我,前两年开始不写总结了。因为我发现,总结的意义是发现了一个新的世界运行规律,我需要时刻提醒自己这么去做才能到达彼岸。但你会发现,其实这个世界根本就没有那么多新的规律,有时我意识到的东西其实早在我20岁时就已经知道了,只不过活着活着忘记了而已。

# 有原则的人，才不怕拒绝别人

2016/1/21

一个很久不见的朋友突然打来电话，说自己要买一辆车，还差一些钱，想要借一点儿钱，问我有没有。我说我手头有，但是不能借。对方估计会有点儿愣。

我说，因为好多年前，我借了朋友一次钱，后面我们非常不愉快，于是我就告诉自己绝不再和朋友发生任何金钱关系。救急的另说，但借钱投资买东西的绝对不借。

朋友表示理解。

挂了电话之后，我心里莫名有一种开心，这种开心源于你有了自己的小准则时，你就不怕伤了朋友的面子，不怕自己说不出口，不需要想别的方式来搪塞，甚至都不用婉转。当你说"对不起，这是我的小原则"的时候，这句话能帮你解决很多问题。

然而从想说这句话，到真正敢说出这句话，我却花了很多年的时间。

大学的时候，我很喜欢听CD，几乎每天都要买三张。算下来我大学四年应该有快三千张CD。朋友去我的出租屋玩的时候，总是会说："反正那么多CD你也听不完，借我两张吧。"那时我想当很大气的朋友，哪怕是自己很喜欢的CD，都会说："好的，但你一定要记得还，这是我绝对不能丢掉的东西。"对方就说："没问题，谢谢你，真够意思。"

一个月没还，两个月没还，等到快毕业的时候，我一看，被各种朋友借走上百张CD，但因为都是口头承诺，我完全忘记是借给谁了。

于是，我又硬着头皮给来过我出租屋的朋友一个一个打电话问。有的朋友说："我没有借过你的CD。"

有的朋友说："我忘记了，过几天还给你。"

还有一些我明确记得借过CD的朋友却说："我借过你CD吗？没有吧，你是不是记错了？"

因为想当好人，所以把自己本不愿意借的东西借给了别人。你以为对方会记得你的好，其实到最后，对方根本就不记得向你借过东西，更别提记住你的好了。而我们常常因为想做好人，而失去原则，反而被人忽略了。

后来，我学着拒绝别人，尝试着让人理解自己为什么要这么做。有朋友说："你这么直接，难道不怕其他人觉得难以理解吗？"借用网络上很流行的一句话:好人一般不会为难你，会为难你的人也不是什么好人。

真是没错。

从当好人，到学着建立自己的原则，再到用原则拒绝别人。三句话却要经历很多年。

试着说出自己的真实感受，一定比花费很多时间营造自己是个好人要轻松得多。

## 写在后面　　　　　　　　　　2018/5/28

这篇文章写的原则好像从我懂事之后就没怎么改变过，虽然每一次拒绝都很难说出口，但恰恰是因为想明白了，才能鼓起勇气说出来，不然我一定在很多事情上会过得莫名辛苦吧。所以多看看影响自己心情的事情有哪些，然后标记出来，找到应对的方法，一次又一次保护自己，久了就能变成原则。一个有原则的人，多半不会因为外界的变化轻易改变自己。

## 写在后面的后面　　　　　　　　2025/5/12

请相信我,如果一个人一开始就让你有些不舒服了,你千万不要去说服自己忍一忍就好了,你一定会越来越不舒服。事情最终还是会因为同样的原因而结束。

# 我是个很在意排名的人，
# 也没什么丢人

2016/3/20

我是个很在意排名的人。也许是因为从小就不在排名的前列，所以长大之后对于排名格外在意。也许是因为做了传媒，常常会有人拿作品相互比较，所以对各种排名都很在意。

记得《谁的青春不迷茫》刚出版那会儿，三天之内冲到了几个图书网站的第一名。我的那种激动难以言喻，隔着电话大喊"啊啊啊啊啊"，临时约上设计师和编辑开了一瓶酒，因为太清楚好景常常稍纵即逝。

记得《你的孤独，虽败犹荣》七小时之内拿到了《谁的青春不迷茫》的成绩。那天，我在熬夜拍摄公司节目新样片，依然觉得兴奋，靠着好成绩撑了一周没怎么合眼。

好的排名能代表什么呢？大概是想让那些说自己小众的人闭嘴吧，大概是想让那些瞧不起自己的人闭嘴吧，大概是想让父母觉得开心，让自己觉得有安全感、有价值吧。可排名这件事的快感也如好景般转瞬即逝。为啥要证明给别人看呢？为啥要让别人看得起自己呢？让父母开心和让自己有安全感也不是靠成绩，而是还能继续写，还能写感动自己的东西。

《向着光亮那方》预售了，我发了一条微博，传来捷报。电话里的出版人特别兴奋，然后说："我们这几天再发几条微博，把成绩持续顶上去。"我说不。

真奇怪。以前的我肯定不明白自己为啥要说不。说不只有一个原因，如果一本书真的受欢迎，一定是因为写得不错。如果一本书写得不好，发一万条微博也没用，所以，如果写得好，不发微博，读者也会分享感受，自然会有新读者加入，排名自然会高。如果写得不好，排名立刻掉下来，爬得高也会摔得惨。说到底，写得好不好才更重要。可能以前是缺乏自信，想用成绩证明质量，其实质量并不是用成绩证明的，后来慢慢才意识到。

哦。质量才能证明成绩。

心里的小心思总是绕啊绕，有时为想通一个小道理而高兴半天。人生过了二十七八之后，身上好多顽疾很难改变，所以自己说服自己，或者自己发现一个可能别人早就发现的道理，都是那么小窃喜。

朋友问："那你觉得自己这本书写得好不好？你是不是又写哭自己了？"

我嘿嘿一笑，点点头。我的哭点真是奇怪。

觉得感人的会哭。

觉得悲伤的会哭。

觉得很暖的会哭。

觉得太晚明白的会哭。

觉得感激的会哭。

觉得很难得的也会哭。

虽然表面看起来都是哭。眼含热泪,其实内心戏十足,涌动的情绪根本不一样。

想起并肩在北京战斗十几年,现在成为两个孩子妈妈的女同学。想起见面没什么话说,靠喝酒才能打开话匣子的小溪哥。想起拿了毕业册就再也没有告别的小学同学,只是因为害怕听到关于他不好的消息。想起读大学时炒菜摊给我们赊账的老板和老板娘。想起以前120斤现在170斤睡在我上铺的小白。想起家乡什么都相信、什么都敢尝试的表叔。想起我父母之间羞涩和难以言喻的爱情。

一切都让我觉得,很!想!哭!

因为在回忆里拥抱,所以在现实中感慨。如果带着一颗随时能柔软的心,就不怕心里搁不住真实的感情。

排名重要吗?当然很重要。但更重要的可能是持续获得好排名的能力和一支能写出平淡故事的勤快的笔。

## 写在后面　　　　　　　　　　2018/5/29

《向着光亮那方》之后,我去年出版了《我在未来等你》,其实我还是很在意排名的,哈哈哈哈哈。因为看到出版社那么多年轻编辑很辛苦的样子，就觉得自己也一定要努力才行。当然，重新再看这篇文章的时候，有一种感觉，那就是——怎么那一年的我那么喜欢装×……承认就完了呗，还写那么多废话。

而且为什么这篇文章全部都是句号？也不知道当时的想法是什么……那个时候的我真的够古怪的，精神压力一定很大吧。

## 写在后面的后面　　　　　　2025/5/12

　　经过了人生的高峰低谷，我之前写"排名重要吗？当然很重要。但更重要的可能是持续获得好排名的能力和一支能写出平淡故事的勤快的笔"，我收回这话。

　　图书销量确实重要，如果它变得不好了，我确实会短时间不快乐。

　　但让我长时间陷入抑郁的是我不知道该写什么，好像写什么别人都不会看，别人擅长的我也写不来，就更感到挫败。比起留意生活，我变得更留意别人的喜好，这才是真正的恐怖。

　　蹲在地上数蚂蚁，用树枝在雨后的泥地上画圈圈，躺在床下感受一片沉静的压抑，这些写出来比别人对什么感兴趣更有意思。

　　人靠自己的表达活着。

　　我花了十多年才想明白这件事情。

# 这些年，以为自己只是懒，
## 其实只是因为怕

**2016/8/25**

今天是我在南加利福尼亚大学国际学院上课的最后一天。

和老师合了影。

和同学合了影。

和教室合了影。

以前读书时不懂得珍惜，一次又一次毕业，觉得离社会越来越近，恨不得赶紧逃离，所以才会在这一次很想做好，把之前读书时没有做好的东西都做得更好一点儿。

以前，不懂也不问，恨不得赶紧下课放学。

现在，不懂立刻就问。

因为现在明白了：不懂的东西太多，很多人都生活在不懂也不知道自己不懂的状态里。能懂自己不懂的状态，是一件很珍贵的事。

以前，觉得家庭作业是个累赘，第二天能抄就抄。

现在，回家第一件事情就是做家庭作业。

因为现在明白了：无论这件事是大是小，只要自己要做的事不完成的话，心里总会有负疚感。

虽然读中学时，我总是能在第二天一大早抄到家庭作业，但那么多年的晚上，我过得并不如自己表现的那么踏实。

很多人的焦虑，其实不是解决不了某个问题，而是没有花时间完成应该要完成的某件事。

焦虑大多源于拖延，而非能力。

老师让我们上课看英文电影。我会想，我花了时间来这里学习，并不是为了来看英文电影的，英文电影在哪儿都能看。实际上，当真的沉下心看了十分钟后，会发现，原来这么看电影，能学习和猜测到很多单词，能注意到很多语法，而所谓"英文电影在哪儿都能看"，其实一次都没有完整地看过。

很多我们以为"不过如此"的事情，是因为我们太差劲，没有沉下心了解，没有花时间感受，然后很随意地给安上"不过如此"的标签。反而证明了，我们自己才是"不过如此"的一个人。

知道我开始学英语之后，留言的朋友越来越多。

都是鼓励。

一点儿都不丧气。

大多数是觉得羡慕。

"你居然能突然就跑出去学英语，这也是老娘一辈子的痛啊。什么时候我也能这样？"有朋友这么说。

想出去学英语，我计划了三四年。

三四年前，我就跟老板提过，想突破一下自己的心理障碍。那时，老板的态度不算太好。我清楚，既然是打工，首先要把工作完成得漂亮，才有资格提一些"自私"的条件。那时就想好了，认认真真做一两件事，来交换学英文的机会。

《谁的青春不迷茫》的电影从筹备，到写剧本，再到拍摄和宣传，我没有给公司提过一点儿非分要求，全盘接受，全程参与，尽力做好每件事，也想以此告诉自己不要忘记接下来的计划。

微博、微信上也总是有人问："现在英语学得怎样了？"

其实，从决定要给自己一段时间学英文开始，我就没想过要把英文学好到一个什么程度。

英语是一门语言，是很多人一辈子使用的技能，既然如此，短短几个月就能学好一门新语言？我觉得很难。

今天拿到了毕业证，同学问："觉得自己这段时间浪费了吗？"

我说我一点儿都不后悔，哪怕我还是没能用英语谈个恋爱。

这两个月，我的生活有了很大改变。

一、每天7点起床，自己动手做早餐，纠正从不吃早餐的习惯。

做完作业，背完单词，有一些闲暇，下载了一个做菜APP，开始一点儿一点儿研究。6岁时，有人问我以后想干吗，我说想当厨师，笑死周围的人了。后来，我忘记了这个理想。35岁，在洛杉矶租的房子里，突然想到这件事，决定试一下自己有无做菜的能力，也做出了几道菜，我终于敢在电话里跟爸妈说："等我回来，给你们做一餐饭。"

这是我第一次打算给父母做饭。

二、会拿着相机到处逛，研究光圈和快门之间的关系。同一个景色，换十几种参照指标拍摄，看看有什么不同，然后恍然大悟。曾经那些一听就犯蒙的摄影技巧，多试几次之后，并不如想象中那么难掌握。

三、掌握了几种英语沟通的基本句型，开始能勇敢地迈出第一步、第二步，哪怕第三步卡死在那儿，也不觉得丢脸。不害怕听别人说英语，也不害怕用蹩脚的英语表达自己的感受。

我以为，这才是真正重要的吧。

不害怕，不害怕丢脸，也是一种新开发的才华。

四、想清楚接下来的人生需要完成的几件事。

我从未想过，本是来学习英语的我，在学习结束时会有些意外收获。

如果要说自己最大的感受，恐怕是：当你决定很认真做任何一件事的时候，整个人的心情和状态都会因为那一件事而变得安静。人一旦变得安静，就能发现很多以往不易察觉的问题，能解决很多以往常常会忽略的事。

让自己安静是一件极具附加值的决定。人一旦变得安静，平日里那些鸡毛蒜皮、明嘲暗讽，就会像被一层薄膜隔离开来，就像一场没有观众的舞台剧，买不买票捧它们的场，只是你的兴致而已。

"为什么你两个月的时间可以做那么多事，你到底是怎么安排自己时间的？"以前的大学同学在微信上问我。

这个问题让我也很尴尬。

我想起读书那十几年的寒、暑假，年年都希望自己能利用那些时间变得不太一样，年年假期结束后仰天长叹——又浪费了一个假期。印象最深刻的从来就不是自己学会了什么，改变了什么，而是临近开学前到处找假期作业抄抄抄。

现在回想，为什么以前的自己每一次下决定都会失败？也许是因为懒，也许是因为没有方向，但可能更重要的原因是害怕不成功。因为害怕自己不成功，然后就害怕自己会浪费时间，又因为不敢浪费时间，所以就不轻易投入做一件事，最后就浪费了好多时间，最后恨自己懒，久而久之就真的觉得自己很懒，更不会想做什么事了。

而这一次，我清楚地知道机会来之不易，也很清楚地知道英语不可能会有质的提高，我只是想看看自己"学习能力到底有多差"，因为没什么大目的，所以抱着这个心态投入，反而看到了很多以往看不到的事。

夏季的英语课程，我入学时英语水平是level2（二级）。学校规定期末考试时，口语、听力、语法的口试和笔试成绩必须在C以上才能进入下一个阶段。

我拿到了我的成绩单，综合起来是B。老师恭喜我可以升级，我感觉很爽，只是我知道在我的人生里，可能再也没有机会这么读书了。

"以后有的是时间，以后还有机会"是一件多么棒的事。

"这是我仅有的一次机会了"听起来又是多么伤感。

因为还有好多工作需要赶紧完成，还有好多想法要实现，但我想我会带着这张成绩单，面对未来很多害怕，以及觉得不可能完成的事。

谢谢你们一直和我分享着日记，也希望每个人都能在自己决定的事上投入又加油。

## 写在后面　　　　　　　　　　　　2018/6/1

再次阅读这篇文章，我依然觉得这是我这些年做过最棒的一件事，所以现在的我很努力想把手头的事情做好，然后再给自己一段时间，再去学习，但不会再学英语了，我打算学一下做菜。我预感自己学做菜应该会学得很好啊！

## 写在后面的后面　　　　　　　　2025/5/12

关于英文，我真的把它当成了一个闯关游戏。

后来疫情期间，实在闲得无聊，我就报名了同等学力的研究生考试。第一次考研还是在十几年之前，专业过关，但英文只考了49分。那一年我每天早上5点半就起床背单词做阅读理解，反复背了几篇英文范文，最终英文61分过关了。

查询成绩那一天，我好开心。虽然也不是什么了不起的大事件，也改变不了我的人生轨迹，但我就是很开心！

○ 今天的我依然迷茫,只不过以前的迷茫是大雾弥漫,今日的迷茫虽仍有雾气,却有阳光穿透,满是暖意。

36岁

那时的我认为

开心是因为敢去失去,不喜欢什么样的事,不喜欢什么样的人,连客套都不想赠予,去掉过往的种种繁杂,清扫出一片属于自己的绿地。

不再伪装自己的想法,敢当众说出自己的原则,是通往更纯粹的自我的一条路。

哪件事情你花的时间最多,那你就继续干这件事情。这个社会,绝大多数时候还是公平的,而人与人之间比的是"你到底为一件事花了多少时间"。

# 过了今天12点，我就36岁了

**2017/2/26**

过完晚上12点，我就36岁了。

要说36岁有什么特别，在我看来，就好像人生经历了两次18岁。

36岁，意味着一个人历经了两次成年的过程。

第一次是人的成年。

第二次是认知的成年。

18岁时，为了参加同学聚会，问我爸要100元钱。我爸不愿意给。我很生气给他写了一个借条："今天借100元，等我有钱了，还你10万元。"然后把借条拍在桌上，对他说："我成年了，说话算话，你借我100元吧。"

我爸笑嘻嘻地给了我100元。

前两年，我爸还把那张借条拿出来给我看，摇着字条说利息应该挺多了。

人们把18岁定为成年，也就意味着一个人在这个年纪心智有了质变。

18岁时有一种巨大的磅礴感——外面的世界好大，人好多，我要开始认识很多很多人。这种感觉到了36岁依然存在，只不过这种磅礴感已经从人变成了事——自己的人生里，还有好多事情要做，我要多做几件让自己能够真正投入的事情才对。于我而言，18岁对于未来的探索是想通过认识的人，36岁对于未来的探索是想认真做几件事。

18岁和36岁还有一个共同点——都愿意为了眼前的爽，而付出一些代价。

只不过，18岁的我，开心是因为得到，得到了100元，得到了认同，得到了一个人的电话，为了得到不惜付出更高的代价。有人说那是青春，不管不顾地投入，只是为了淋一场雨。

36岁的我，开心是因为敢去失去，不喜欢什么样的事，不喜欢什么样的人，连客套都不想赠予，去掉过往的种种繁杂，清扫出一片属于自己的绿地。

18岁的时候着急认识好多朋友，希望被人知道自己的名字。

临近36岁这几年，却常常和人绝交，朋友说："你这个人真是奇了怪了，心眼特小。"那时我真的觉得自己心眼挺小的，到了36岁别人再问我这个问题，我总算能很明确地回答："我绝交不是因为生某个人的气，只是想让自己变得更自在一点儿而已。"

有一天和前辈聊天。她的工作很厉害，准确度高得吓人。高准确度的背后，一定是每日每日对工作的钻研。她有个奇怪的习惯，在任何场合，只要是听到了自己不喜欢人的名字，就会当场说"我非常讨厌这个人"，也不管在场有没有人是这些人的朋友。百思不得其解，这真是一个令人尴尬的举动，跟小女孩似的。

随着工作认识的人越来越多，人与人之间的交往越来越模式化——我知道你很会写剧本，我知道你很会挑演员，我知道你工作起来无比认真，可除此之外，我们很难再找到机会进一步了解。

虽然我们都知道，彼此很喜欢和对方在一起工作，谁都迈不出靠近对方的那一步。

然后前辈打破沉默，石破天惊地说：我讨厌谁。瞬间就公布了自己交友的标准和原则，本来仅限于工作的朋友一听，怎么和自己的感受很像或不像，于是探讨，于是澄清，人与人的感觉又更近了一步。

每个人都自有他自在的生存逻辑。

18岁的时候习惯说："我想要什么。"36岁的时候学会说："我讨厌什么，我不要什么。"——毕竟，不再伪装自己的想法，敢当众说出自己的原则，是通往更纯粹的自我的一条路。

对大多数人而言，18岁到36岁，是一个探索世界的过程，顺带着探索自我。

对我而言，从36岁开始，是一个探索自己的过程，顺带着更新对世界的认知。

杜拉斯说:"经历过孤独的日子,我终于喜欢上自己的无知,与它们相处我感到惬意,如同那是一炉旺火。这时就该听任火焰缓缓燃烧,不说一句话,不评论任何事。必须在无知中自我更新。"

36岁,又将面临进入下一段成长期,一个未知的世界。

本来以为这一年会感觉惊心动魄,当写下这些文字的时候才发现,36岁就这么来了,没什么特别感慨的、难的、没见过的、不能理解的、让人崩溃的,不过都是每一个成年人必须经历的。

就这样,我变强大了。

第一次成年18岁,抱着激动,走入社会伴着惶恐。

第二次成年今天36岁,抱着无知,再进入社会满是期待。

你好,生日快乐。

## 写在后面　　　　　　　　　　2025/5/12

　　我爸摇着那张 10 万块欠条时，我二话不说就给他的卡上转了 10 万块。

　　他说："但是欠条我不能还给你。"

　　我说："行，那你继续留着吧。"

　　能完成 18 岁吹的牛，我和爸爸都很开心。

　　唯一难受的是妈妈，她很后悔自己从未让我写过什么欠条。

## 37岁

### 那时候的我认为

所谓安全感,就是任何事情自己都能给自己一个答案,无论好坏。

看人脸色生活和取悦自己生活,后者会让你更快找到自己的擅长所在。

不成为敢解决问题的人,你就会变成别人的问题。

不辜负,可能是让一个人能一直死扛的原因。

无论遇见任何问题,都要假装"我很有信心"的样子。你会为了"我很有信心"这几个字,付出更多,才能真的让人感觉你真的蛮有信心的。

# 想对 17 岁的自己说

2018/2/9

今年是 2018 年,离 17 岁一晃已经过去了二十年,我总算是有点儿资格坐下来和 17 岁的自己聊聊了。

先说你最担心的。

是的,你考上了大学,让父母刮目相看,大学时光你也未曾虚度,提早实习和每日写作是你这辈子干得最对的事,这时你也交到了一些朋友,你完全不用担心没人会喜欢这样的你。

你从一个什么都想和人聊的人,变成了把一件事藏在心里反刍的人。刚开始,你会觉得这个世界没人理解你,但很快地,周围有朋友向你透露心事,你用安慰自己的方式安慰他们,他们觉得和你在一起很有安全感。

你知道了,所谓安全感,就是任何事情自己都能给自己一个答案,无论好坏。

你很努力进入了学生会,却没有能像希望的一样成为学生会主席，因为类似于"与人打交道"这样的事情你并不擅长，你只擅长做让你觉得心情愉悦的事情。那就去做吧，那些事最后能养活你。

看人脸色生活和取悦自己生活，后者会让你更快找到自己的擅长所在。

你的父母如你小时候记忆里的一样，喜欢大声争吵，你很多次希望他们离婚，甚至有几年回家都选择住在宾馆。后来你发现，他们并不是不爱对方，而是两个人沟通的方式有问题，你从"儿子"的身份变成了"想解决问题"的那种人，一切都会好转。

不成为敢解决问题的人，你就会变成别人的问题。

很多你喜欢的朋友都会慢慢地消失在你的生活里，你会难过，但其实也不用太难过，因为你会遇见新的朋友，不是那种靠时间才能积累出来的友情，而是一拍即合、极其默契的感情。你很讶异，在这个世界上怎么会有那么像自己的人？

如果你觉得有人和你很像，不是他们像你，而是你们看待世界的方式一致。

你此刻想买的卡带，想买的CD机，想买的名牌运动服……这些未来都会有的，而且都能够买最新款，只看你是否愿意。

你不会再踮着脚去够那些本身不属于你消费能力的东西，你知道了"相得益彰"才是一个人最舒服的状态，知道了什么年纪就该干什么年纪的事情，别人也会觉得这样的你看起来有点儿帅啊。

17岁时，你缩手缩脚，害怕别人瞧不起，但后来你还是去做了很多事情，决定了就会去做，你的命比较好，绝大多数事情的结果都如你所愿。事实上，你发现，这个世界真正有自我价值的人都很忙，他们没时间瞧不起别人。那些瞧不起别人的人，只是沉溺于瞧不起这件事而已，除此，他们也别无擅长。

对了，你一定很担心未来没有人会看得上你。其实，你这时的"看得上我"只是"对我感兴趣就够了"。后来你会发现，感兴趣、喜欢、习惯、默契、信任、待在一起，以及爱，它们看起来都很像一件事，但它们又是不同的感觉。

被人喜欢不再是你幼稚的目标了，被你喜欢的人喜欢，才是值得努力的事。

你觉得你的17岁很幼稚，希望赶紧进入大学，进入社会，变成不一样的人。现在看来，每个人的17岁才是决定一个人未来极大可能会成为谁的阶段。这时你的环境没有任何社会性，你的判断和举动都源于你的本身，所以你就按照自己感兴趣的来吧。

17岁之后你学到的，大多数是你与世界相处的方式，而不是你本身的行为方式。

此刻，你的成绩算全班的中下游。你的人际，算人群的边缘。你的理想，也混沌看不清方向。你对未来也没有什么规划,你搞不定父母,也搞不定老师,对比家境更好的同学,你父母也不能给你值得保障的未来,一切看起来都是很糟糕的样子,但你有一个优点——但凡有人给你一点儿鼓励和信任,你就很想做好一件事情。这句话是咱俩一辈子的写照——"不是因为我可以,而是因为这个人值得"。

不辜负,可能是让一个人能一直死扛的原因。

你或许想知道现在的我过着怎样的生活,是不是像你想象中一样潇洒。其实,现在我的生活根本就不是你的想象,你此刻的贫穷限制了你对未来的想象,这里的贫穷不仅指金钱,也指精神。你对自身的自卑、眼界的狭隘,让你看不到更远。

既然仰头看不清未来,那就低头走好眼前的路。总之,只要你现在努力做每件事,你的未来自然能看见我现在的生活。

请你放心往前奔跑,别厌,别自卑,别被他人的看法打败,别找借口,别太虚荣,别太计较眼前的利益,尽力尽兴去做,我等你。

## 写在后面　　　　　　　　　　　2025/5/13

37 岁的我做得挺好，心里一直有以前的自己，就不会忘记来路。

# 今天，我37岁了

2018/2/27

回顾36岁这一年，全在工作，就连最后一天，也在写这一年的工作汇报。

以下是我这一年的工作所得，和大家分享一下。

没有人是全才，但每个人都有各自的优点。每个人成长的过程先是寻找自己优点的过程，然后是寻找能帮助自己放大优点的团队过程。只有先找到自己，再找到团队的人，才能发挥出个人的价值。

一个人的职场过了35岁，最好选择自己所擅长的。这时，只有做自己擅长的事，才可能事半功倍，否则，无论是社会给予你的压力，还是自己给自己的压力，都会很大。35岁之前，可以尽量尝试多样化的东西。

做好工作只有两种可能性：一是你真的很懂，二是你真的很花时间。如果你又懂，又愿意为此花很多时间，不可能得不到回报。

在过去一年多的日子里,很多事情刚开始都被人质疑,我唯一的选择是假装无所谓。因为一旦有所谓了,就认怂了,一怂,很多事情就会停下来,再启动就难了。所以,即使每一步走得痛苦也要走,除非你能接受停止带来的更大痛苦。

无论遇见任何问题,都要假装"我很有信心"的样子。你会为了"我很有信心"这几个字,付出更多,才能真的让人感觉你真的蛮有信心的。

虽然无论怎样预防,每天还是会出现各种问题,慢慢你就发现出现问题是常态,不出现问题的事情该是一件多么低级糟糕无趣,谁都能做的事情。

再重复一句,对于你决定去做的事,无论如何都要投入自己大量的时间,这样你才能迅速判断别人对你的质疑是否正确,以及你的笃定也能改变别人对你的质疑。

因为别人的质疑而立刻放弃的人,从根本上来说应该也是自信心不够,当你对自己要做的事情理解得不够充分时,别人才能凭一句话、一个不好的态度打消你所有的努力。被否定和被质疑,目的不是让你放弃一件事,而是让你更明白自己要做的事情究竟是什么。

这几点,是我 36 岁这一年工作中的所得,我坚定不移地执行着它,它让我 36 岁过得比 35 岁更好,也让 37 岁的我有信心迎接我的 38 岁。

我祝自己生日快乐,也希望你能在更年轻的时候比我懂更多。

## 写在后面

2025/5/13

没想到过了这个生日，人生极速下坠，进入所谓中年抑郁期，一直对抗，否认，伪装一切如常。最终心理问题导致了生理问题，耳鸣脱发整夜失眠，以为自己的状态再也起不来了，给公司领导发信息说自己没有利用价值了，总之就是一整个觉得自己做什么都不行的状态。那时已经知道努力对抗没用了，只会更疲乏，每天醒来都在等一切何时才能过去。

"等"并不是我的选择，而是我唯一的路。

前后几年，我居然就慢慢想通了自己为何走到了人生心理的绝境，将它一一写成了文字，那是一条重见天日之路，我给它取名叫《等一切风平浪静》。

我居然又好了，甚至比之前还要好了。

我终于把年轻时又哭又笑的日子过成了哭笑不得，哭笑不得不是左右为难，而是开始理解所有发生的一切。

# 这件事情,你可以为自己,就不要为别人

**2018/4/23**

我不是一个擅长阅读的人。

以至于在很长一段时间内,我对自己产生了"放弃式"的怀疑。

过去一些年,我会因为看不懂一本很知名的书,看不进一本评分很高的书,跟风去看诺贝尔文学奖获得者的代表作,却也不太能有快感的时候,我就觉得自己是一个"low"(低水平的)人。

我怎么会是一个看不进这些好书的人呢?我这个人怎么那么差劲?

我不能让别人知道这个,我得掩藏起来……

我深知,每本书起码都代表着一种价值观(哪怕是无聊的,或者错误的),每本书都蕴藏着一个未知的世界(无论好的,坏的),还有各种形而上的哲理。

我看身边有人因为读了什么书,分享了什么观点,我就

立马觉得对方和自己不是一类人,他们高级好多,因为他们"可能"掌握了这个世界我所没有掌握到的秘密、规律、思想,以及某种"进化"之术。

有位朋友某天发了一个朋友圈,大概意思是:他花了50元钱买了一张电影票,看了三十分钟,觉得特别难看,就想走。他的朋友说还是别走了,浪费50元钱。于是他想想,又接着看了十分钟,在这十分钟里,他并不觉得自己一定要把这50元的票价看回来,他只是觉得自己一开始已经付出了50元,明显这50元是浪费的,可现在还要搭进自己的时间,这不是自己找罪受吗?然后他果断离场。

这并不是他现在才悟出来的道理,只是借着这件事又认真说了一遍。

这条朋友圈让我联想到了自己的读书史。

以前我觉得自己干啥都不行的时候,特别想从书里获得什么,要么获得知识,要么获得气质。

如果什么都没有获得,我就怀疑自己,非得逼自己花更多的时间啃完一本书。啃完之后,会有一种"你看,我可以看完"的成就感,可我除了"看完一本书"这个动作之外,并没有获得任何阅读的快感。

那阅读究竟是为了什么呢?

我曾经从一些作家的书里看到了隐藏的自己,看到了未知的世界,看到了其他人的生活,足不出户便对外界有了向往。

这些恍然大悟,窥探隐私,感同身受,让我的灵魂在各种氛围的包裹中激荡，抖一抖身上沾着的情绪，被不同文字裹浸的自己，总会有不一样的感觉。

我分享过一些对我来说重要的文字和作者。

初高中，我看刘墉老师的书最多，虽然现在已然记不住具体的内容，但是我记得住看他的书时我的情绪，我一直在思考自己未来的各种人生归属，我想成为一个怎样的人？有趣的？聪明的？善良的？成功的？还是什么别的？

刘墉老师的书让我想成为一个和别人不一样的人，这一点很重要。

后来我看周国平老师的书，具体什么书我也忘记了，但我也记得，在他的书里，我学会了把握自己每一丝一缕的情绪，无论好的坏的，我能理解，并记住，就是对自己最大限度的负责。我清楚自己的情绪从何而来，又去往何方。

"每个人都睁着眼睛，但不等于每个人都在看世界。许多人几乎不用自己的眼睛看，他们只听别人说，他们看到的世界永远是别人说的样子。"——周国平

大学毕业之后，工作特别繁乱，从一档电台节目里听说了刘亮程老师的书——《一个人的村庄》。这本书成为后来每次出差必须带着的书，要说这本书给我带来最大的收获，可能只有一个词——安静。刘亮程老师的书，让我很快能静下来，在他描述的环境中，村庄里，我看到自己一个人的踯躅。

"人心中有自己的早晨,时候到了,人会自己醒来。"

"落在一个人一生中的雪,我们不能全部看见。每个人都在自己的生命中,孤独地过冬。"

"风刮到头是一场风的空。"

一本书能让你安静,这本书已不再是本书。

因为读不下多数人眼里的好书,我认为自己不适合读书。

后来因为遇见了一些让自己能"改变"的书,我突然觉得自己其实会读书。

久了,才知道,读书哪有什么高低之分,只有合不合适之分。就像爱情,别人都觉得好的,不一定适合自己;自己喜欢的,周围的人不一定能理解。但重要的是,你自己是否开心,是否能因为他们而变得更好,更不一样,更像自己。

以至于我现在读书养成了任性的习惯。

无论外界的评价是什么,我只看十分钟,十分钟看得下去,就倒一杯茶认真看;看不下去,就立刻舍弃,看一篇相关的评论,了解一下大致内容,就当是最后的告别。

对于一些外国书,如果自己看不下去,我就会把责任"推"到翻译上。嗯,不是我看不懂这本书,而是这个翻译实在太差劲了,不说人话。

对于一些国内书,如果自己看不下去,我就说:"嗯,我不是不喜欢这本书,我是不喜欢这个人。现实中,我应该也不会想和他成为好朋友。"这么一想,也就解脱了,我是一个多有"交友原则"的人。

这么想了之后,我阅读的速度快了许多,好就尽兴,不好就放弃。

今天的我,不会再委屈自己。

放弃一个自己不理解的,就能有更多的时间遇见那些适合自己的。感情是这样,电影是这样,书也是这样。

书是用来被人读的,人不能因为书而逼迫自己。

读书绝对不是一件苦差事,当你能从读书中获得喜悦,获得不一样的体验时,你就真正成了一位读书人——你终于学会了读书给自己,而不是再读书给其他人看。

读书不是为了证明自己,读书只是取悦自己。

最后还是用周国平老师的一句话结尾——被人理解是幸运的,但不被理解未必就是不幸。一个把自己的价值完全寄托于他人的理解上面的人往往并无价值。

# 写在后面　　　　　　　　　　2025/5/13

2023年10月，我见到了刘亮程老师，那是出版社安排了一次对谈。

我对他说，我很喜欢他，很喜欢他的文字，他的书甚至改变了我此后很多人生的选择。

刘老师颔首赞许，不过我从他的表情中读出了一种"我已经习惯了，你还能说点儿别的让我觉得你和别人的喜欢有何不同吗"的期待。

于是我说：有一段文字，我反复背诵了很多遍，这段文字是："我太年轻，根扎得不深，躯干也不结实，担心自己会被一场大风刮跑，像一棵草一片树叶，随风千里，飘落到一个陌生地方。也不管你喜不喜欢，愿不愿意，风把你一扔就不见了。你没地方去找风的麻烦，刮风的时候满世界都是风，风一停就只剩下空气。天空若无其事，大地也像什么都没发生。只有你的命运被改变了，莫名其妙地落在另一个地方。你只好等另一场相反的风把自己刮回去。可能一等多年，再没有一场能刮起你的大风。你在等待飞翔的时间里不情愿地长大，变得沉重无比。"

我一字不落地背了出来，刘老师的眼神里有了惊讶之情。

因为真心，所以打破了我们第一次见面的拘谨，那阵二十多年前起的大风终于吹到了我，我不想被风再带去别的地方，我只想在风里听风的故事，借助风带来的雨水让自己更有底气地扎根原地。